乡村景观特色研究丛书 | 唐晓岚主编

国 家 自 然 科 学 基 金 项 目（31270746）
江苏省高等学校自然科学研究项目（18KJB220002）

乡 村 景 观 变 迁 与 评 价

Xiangcun Jingguan Bianqian yu Pingjia

王军围　唐晓岚　著

东南大学出版社
SOUTHEAST UNIVERSITY PRESS

南京·2019

内容提要

本书以我国江南地区乡村景观为研究对象，详细考察江南水乡景观的形成、发展及变迁，并在此基础上制定系统的乡村景观评价体系。将江南地区乡村景观视为一个动态发展的有机系统，综合运用定性和定量研究手段，确保研究结论的准确性。借助大量文献资料和实地调研手段理清江南水乡的形成和发展过程研究，指出江南水乡景观承载的重要文化意义；借助3S（遥感、全球定位系统、地理信息系统）技术平台，尤其是GIS（地理信息系统）软件平台，以数据的形式量化说明江南地区乡村景观近15年来的景观变迁规律，并阐述人类活动是景观变迁的主要动因；在综合衡量江南水乡景观的人文价值、经济价值及生态价值的基础上，制定出基于景观质量和保护开发的综合评价体系，选取太湖地区的苏州西山岛为区域进行实证研究。

本书采用理论和实证相结合的写作方式，广泛适用于风景园林学、环境设计、建筑学及城乡规划学等专业的从业者阅读使用，包括相关学科的研究者、教师、学生和规划设计实践工作者等。

图书在版编目（CIP）数据

乡村景观变迁与评价 / 王军围，唐晓岚著 . —南京：
东南大学出版社，2019.11
（乡村景观特色研究丛书 / 唐晓岚主编）
ISBN 978-7-5641-8232-8

Ⅰ．①乡… Ⅱ．①王… ②唐… Ⅲ．①乡村－景观－
研究－中国 Ⅳ．① TU986.2

中国版本图书馆 CIP 数据核字（2018）第 302904 号

书　　　名：乡村景观变迁与评价
著　　者：王军围　唐晓岚
责任编辑：徐步政　李　倩　孙惠玉　　　邮箱：1821877582@qq.com
出版发行：东南大学出版社　　　　　　社址：南京市四牌楼 2 号（210096）
网　　址：http://www.seupress.com
出 版 人：江建中
印　　刷：江苏凤凰数码印务有限公司　排版：南京布克文化发展有限公司
开　　本：787mm×1092mm　1/16　印张：11.5　字数：280 千
版 印 次：2019 年 11 月第 1 版　2019 年 11 月第 1 次印刷
书　　号：ISBN 978-7-5641-8232-8　定价：49.00 元
经　　销：全国各地新华书店　　　　发行热线：025-83790519　83791830

太湖风景名胜区是我国第一批国家级风景名胜区，以山水组合见长，具有吴越文化传统和江南水乡特色。湖光山色与镶嵌在山水环境中的村落所构成的田园风光是太湖风景名胜区的特色所在。在太湖风景名胜区中大大小小的古镇、古村中，有甪直、木渎、东山 3 个国家级历史文化名镇，金庭（西山）、光福 2 个江苏省历史文化名镇，明月湾、陆巷、东村、杨湾村、三山村 5 个国家级历史文化名村。其中，东山镇有杨湾古村、翁巷古村、陆巷古村、三山古村 4 个古村，金庭（西山）镇有明月湾古村、东村古村、植里古村、涵村古村、堂里古村、甪里古村、东西蔡古村、后埠古村 8 个古村。

村落近年来成为旅游、观光等乡村开发活动蓬勃发展的热点。随着古村旅游的升温，快速增长的经济、不断膨胀的人口规模、急剧增加的游客数量，使得环太湖地区所剩不多的有江南韵味的古村正在面临着再次被破坏的危险：其一，盲目新建仿古建筑，甚至是与古村落风格不相符合的建筑，破坏了整个古村原来的格调与特色；其二，旅游活动的开发一方面使修缮房屋、整治街道加快、加强，另一方面却破坏了村落原有的居住环境。这些均迫使学界不得不对此类村落的命运给予重视。

风景名胜区村落景观有别于城市景观和自然景观，它兼具农业生产景观、农耕生活景观、地域山水景观、历史遗存景观、风土文化景观以及旅游服务景观的特点，它既包括建筑、巷道、交通、栽培植物、驯化动物、服饰、人物等有形的元素，也包括生活方式、风土人情、宗教信仰、审美观等无形的元素；它既是一个空间单元，也是一个社会单元。我们既要使这些传统村落得到保护与发展，又要使其不会在保护与发展中失去传统特色与文化价值；既要保存世界文化的多样性，又要为村落的发展寻找出路，改善和提高村落居民的生活质量。

基于国家自然科学基金项目"基于 3S 技术的太湖风景名胜区中村落景观特色研究"（编号 31270746）的支持，我们团队将"乡村景观特色研究"作为丛书主题，利用 3S〔遥感（RS）、地理信息系统（GIS）、全球定位系统（GPS）〕技术选取具有江南水乡特色的太湖风景名胜区及其村落进行多角度的分析与研究，陆续出版系列成果。该系列成果不仅可以完善风景名胜区的景观体系，而且可以为风景名胜区中的村落发展提供科学研究的技术平台。

唐晓岚
2019 年 9 月

植根于传统农业和自然经济的中国传统乡村景观，蕴含着朴素的人地关系和生态理念，在顺应自然、利用自然的生产生活过程中，逐渐凝结为传统文化的物质载体，是一种具有多重价值的特殊资源。城市化进程加速发展的时代背景下，乡村聚落景观发展面临的机遇和挑战共存。江南地区气候湿润、经济发达、人文底蕴深厚，其乡村"小桥、流水、人家"的景观风貌成为地域文化的代表符号。近年来随着地区产业结构的调整，尤其是村镇企业的转型和乡村旅游业的快速发展，江南乡村景观的保护和开发面临着环境污染、特色缺失及人口流失等问题。乡村景观评价是乡村景观规划实践的前提和基础，为传统聚落景观特色保护和开发提供方向。研究江南地区乡村聚落景观评价，探索传统聚落开发和保护模式，对解决江南地区乡村景观特色保护和传承问题具有重要意义。

本书第一部分（第1—5章）对江南地区乡村聚落景观特征进行理论性描述与总结。在查阅大量文献资料的基础上，从自然要素和人文要素两方面分析江南地区乡村景观的形成和发展过程；将景观物质和非物质要素视为一个整体系统，从景观格局、人文要素及聚落形态三个方面探讨江南地区乡村聚落景观的生长机制。

第二部分（第6章）运用3S（遥感、全球定位系统、地理信息系统）技术手段探讨江南地区乡村景观的变迁。选取苏州市吴中区作为研究区域，对该区域2000年、2005年、2010年及2014年共四期的遥感卫星图进行解译，在ArcGIS软件（地理信息系统软件）中建立用地类型专项图，对比分析近14年以来吴中区各用地类型的变化状况，以此描述吴中区景观格局的动态变化特征以及时空变换特征，此外，结合苏南地区近年来经济和人口数据，阐述该区域的景观变迁动力机制。主要结论如下：

（1）2000—2014年吴中区土地利用状况发生了显著的变化，主要表现在：①从用地面积的变化情况来看，建筑用地面积快速增加，耕地面积大幅减少。②2000—2014年吴中区不同土地利用类型的转移模式显示，耕地成为土地利用流失的主要"源"而建设用地成为土地利用流失的主要"汇"。③其中主要用地类型的变化出现了2000—2005年及2010—2014年两个阶段的高峰，期间这两种用地类型的变化幅度要远高于其他时期。

（2）吴中区乡村景观格局指数的变化趋势受到生产生活的影响，具体原因有：①人口增长和经济快速发展导致对居住用地、交通建设用地、企业建设用地等的需求量增加；②吴中区乡镇企业众多，因此在乡村区域除了村民改善居住条件的驱使外，农村小企业占地也是耕地面积减少的重要原因；此外，在古镇古村等景区，由于疏于管理及缺乏统一规划等众多原因，出现老宅废弃、另辟新宅的现象，同时超标占地、一户多宅的现象也较为普遍，这些现象造成了吴中区农村建设用地的扩张和耕地面积的减少。③吴中区地处太湖风景区，近年来大力发展旅游业，在此基础上出现数量较为客观的各类农业生态园和观光园，因此以经济果树为主的林地面积略有增加。

第三部分（第 7 章）以苏州市吴中区西山景区为案例展开乡村景观可持续性评价研究。总结归纳国内外景观评价方法，将景观综合评价作为评价目标，构建出五级评价系统；结合西山景区乡村景观的前期实地调研数据，以西山景区古村落景观的可持续发展为目标，选取景观质量、景观保护与开发作为项目层，选取布局适宜性、聚落空间等 5 个要素作为因素层，选取聚落典型性、地形契合度等 12 个指标作为指标层，选取高程、坡度等 42 个子指标作为子指标层，构建西山景区的乡村景观综合评价体系；以 ArcGIS 软件为平台，结合专家打分、模糊评价及问卷调查等评价方法，对吴中区东村、植里、东西蔡和明月湾四个古村落进行综合评价。主要结论如下：

（1）评价结果显示，四个古村落的综合评价得分由高到低依次为明月湾、东村、植里、东西蔡。综合评价首先反映的是村落景观的整体状况，包括自然条件、人文条件及人工环境三个方面的质量和稀缺性。

（2）研究过程中以因素层为标准，对比评价了四个古村落的景观可持续性状况，具体包括聚落空间质量、自然景观质量、非物质文化资源质量、保护措施评价及开发条件评价 5 个因素。评价结果显示，明月湾和东村占据了各指标的最高得分，明月湾在聚落空间质量、自然景观质量、物质条件评价、保护措施评价 4 个因素中得分最高，而东村在其余的 3 个因素中得分最高。

（3）研究探讨了多指标评价体系的运用模式，发现不同层级的评价指标对比能够立体反映评价对象的特征，为进一步研究乡村景观规划工作提供较为客观和详细的基础资料。

（4）研究运用了多种数据处理手段，其中 GIS（地理信息系统）平台具备灵活多样的数据处理能力，是重要的指标量化手段。研究中分别使用 GIS 平台进行了适宜区域划定、面积计算、专类图叠加等功能，有效保证了研究指标的客观性。

本书是在唐晓岚承担的国家自然科学基金项目（31270746）支持下完成的南京林业大学博士学位论文《基于 3S 技术的江南地区乡村景观评价研究》基础上进行深化与整理的。感谢潘峰、熊星、张卓然和刘澜在现场调研、数据分析及书稿组织方面给予的帮助；感谢南京林业大学李明阳教授在 GIS 技术方面的指导和协助；感谢雷军成博士和褚军博士在景观变迁分析环节提供的大量技术支持。

王军围　唐晓岚
2018 年 12 月完善

目录

1 绪论

1.1 江南乡村景观的存续现状

1.1.1 江南乡村聚落面临的时代背景

1）新型城镇化和美丽乡村建设

我国乡村景观的发展和变迁受到国家政策导向的重要影响。从 2005 年中共十六届五中全会开始，中共十七大（2007 年）提出建设社会主义新农村的重大历史任务；中共十八大（2012 年）提出关于美丽乡村建设的相关政策。在此期间，2008 年，浙江安吉县率先提出以改善农村生态环境为基础，打造知名农产品品牌，积极推动生态旅游发展的"中国美丽乡村建设"计划，被称为"安吉模式"；2010 年，浙江省全面推广安吉经验，把美丽乡村建设升级为省级战略决策；2011—2012 年，广东、海南等省份也开展美丽乡村建设计划。2013 年，农业部发布了《"美丽乡村"创建目标体系（试行）》；同年，财政部在浙江、安徽、广西和福建等 7 个试点省份，展开以基础设施建设、产业扶持、医疗设备更新以及环境治理等形式的实践探索。2013 年 12 月，中央城镇化工作会议提出，要"让城市融入大自然，让居民望得见山、看得见水、记得住乡愁"，其中明确提到对乡村生态文明建设和文化传承的重视，要求构建具有"传承价值、历史记忆、地域特色、民族特点"的新型城镇[1]。2014 年政府出台《国家新型城镇化规划（2014—2020 年）》，将指导思想、发展目标等相关内容具体化。新型城镇化对乡村发展的态度可以概括为：遵从乡村的自然条件和发展规律，重视生态安全，改善环境质量；保护和弘扬优秀的传统文化，延续地域历史文脉。

从学术研究来说，目前这场自上而下的全国性乡村建设运动顶层设计较多，具体实施细则和相关理论研究仍处于探索阶段，为研究者提供了机遇和挑战。新时期乡村建设的根本任务在于重新理顺农村生产、生活和生态三个方面的关系。既要改变农村落后的生产生活方式，又要注重农村生态环境保护和地域文化的传承。在我国乡村"天人合一"的传统人文背景和人地关系的基础上，我国乡村建设需要具备以下认识：首先，将居民生活、产业发展和乡村生态环境视为整体的系统，三者互相促进，地位平等；其次，强调村民生活水平的提高和环境保护同等重要；最后，乡村文化的传承和乡村经济开发同等重要。

2）"新常态"时期江南地区乡村经济的转型

当前我国经济进入"新常态"时期，经过改革开放 40 年的高速发展，总体经济进入产业转型升级调整的阶段。最为明显的表现是经济增长动力从要素驱动、投资驱动逐渐转向创新驱动，经济增长速度放缓，注重结构优化和效率提高，大力发展第三产业。虽然国内生产总值总量仍然是上涨趋势，而且中国对世界经济的贡献率也并未下降，但从数据来看，2010—2014 年经济增长速度呈逐年下降的趋势（图 1-1），到 2015 年增速更是降到 6.9%，创 25 年来的最低纪录。在全国经济寻求转型的时代背景下，经济"新常态"对乡村发展的影响主要存在以下方面：农村及农业所处的地位如何、农村劳动力流动方向、农村优势资源的发展模式及产业配置等。在经济增长速度趋缓的形势下，我国农村巨大的市场潜力成为未来新的经济增长点，乡村为城市部分产业转移提供空间，乡村在农产品供应、旅游业发展等方面的优势对农村劳动力人口的流向产生重大影响。

在国家经济转型的背景下，区域经济结构调整深化，江南地区乡村景观在土地利用模式、产业结构变化、人口流动等方面变化剧烈，江南水乡景观特色维护急需理论探索支持。从经济历史角度来看，江南地区自明清以来一直是我国经济的中心之一，紧邻上海的同时汇集了苏州、杭州、无锡等城市，区域内优越的自然人文条件为经济发展提供了强大动力，早在 20 世纪 80 年代，以苏南地区为代表的小型乡镇企业就已迅速发展，经过几十年来的产业转型发展，江南水乡依然是我国经济最活跃的乡村地区。江南地区的经济发展程度和产业结构在全国来看都具有典型性，是中国乡村经济发展的缩影，以苏州为例，2014 年实际使用外资 81.2 亿美元，总量占全省的 28.8%，比上年提高 2.7 个百分点[2]。同时，该区域是全国较早开展古村（镇）保护和开发的地区，乡村旅游业发达，2015 年，苏州全市接待入境过夜游客 151.2 万人次、旅游创汇 20.02 亿美元[3]。江南地区乡村景观的开发和保护已经逐渐呈现出多样化的模式，

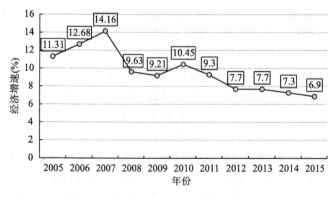

图 1-1　2005—2015 年全国经济增速对比

可以作为全国乡村景观研究的样本。

3）消费文化背景下的江南古村（镇）保护与开发

理论家赫尔曼·卡恩（Herman Kahn）认为，当人均收入超过1 500美元时，就意味着社会进入大规模消费的阶段[4]。近年来我国经济迅速发展，已成为全球第二大经济体；2015年全年全国居民人均可支配收入为21 966元[5]，江南地区的杭州市城镇居民可支配收入突破5万元。消费文化主导下的乡村开发带有明显的时代特征，一方面，乡村旅游开发为乡村保护带来了足够的社会关注和资金。无论是乡村的原住民还是外来的投资者，乃至于学术界，都对乡村景观尤其是濒临消失的古村（镇）价值有了新的认识。另一方面，以乡村旅游业为主导的乡村开发模式受市场经济影响深刻，开发中出现唯利益化、无序建设等情况，乡村景观风貌的存续面临严峻挑战。

江南古村（镇）的保护和开发走在全国的前列，以阮仪三[6]为代表的一批学者自20世纪80年代就已展开对江南水乡古镇保护规划的研究工作，并对江南水乡古村（镇）价值进行了阐述。得益于便利的交通和周边区域繁荣的经济，江南古村（镇）自开发伊始就呈现出较快的发展速度；2000年以后随着对保护开发经验的总结，江南地区古村（镇）的保护工作逐渐体现出了制度化、规模化以及民众参与性强等特征。而从品牌建设来看，早在1996年，江苏省的周庄、角直、同里与浙江省的乌镇、南浔、西塘6个古镇被国家文物局列入"中国世界文化遗产预备名单"；2015年，江苏省（9个）和浙江省（4个）的13个江南水乡古镇①参加申遗项目，并确定苏州为牵头城市[7]。江南古镇的联合申遗，对于江南地区古村（镇）发展具有重要意义，有利于进一步强化文化资源的品牌优势，为历史文化村镇的保护工作提供参考。但同时也应看到，消费文化下的江南古镇开发活动也存在大量实际问题，破坏古镇文化遗产及其历史环境风貌的现象时有发生，例如"建设性""开发性""旅游性""保护性"的破坏。

1.1.2 江南乡村聚落景观面临的问题

1）乡村功能的转换

江南地区的经济结构和发展程度决定其乡村功能的多元化（图1-2）。有别于我国传统的自给自足的小农经济模式，江南一带自明清时期开始就已出现手工业资本运作的萌芽，产生了一大批以商品交换为主要功能的市镇；20世纪80年代开始在江南地区出现的以小城镇发展为主的城市化进程，宜兴、江阴、太仓等小型城镇发展迅速，该区域总体城市化程度较高，村镇企业的繁荣使得乡村的农业生产功能被进一步削弱，乡村景观出现了农业生产、工厂作坊和居住空间一体化的空间模式。农村人口职业逐渐分化，传统乡村的同质格局受到极大程度的干扰，农田景观

① 2015年参加申遗的13个江南水乡古镇，包括江苏省苏州市的9个，即角直、周庄、同里、千灯、锦溪、沙溪、黎里、震泽、凤凰；浙江省的4个，即嘉兴市的乌镇、西塘，湖州市的南浔、新市。2018年1月，无锡市惠山古镇也被列入申遗名单。

破碎化程度较高，甚至在近郊地区开始出现孤岛化现象，而仅在交通不便的地区保留了较为完整的传统乡村聚落和市镇景观。从 20 世纪 90 年代到 2000 年，随着乡村企业的式微及上海、南京等周边大中型城市人口增速加快，来自城市的资本对乡村景观的冲击越来越大，外来资本成为该地区经济发展的首要动力，工业园区在此期间大行其道，乡村功能再次被重构，工业生产与乡村景观脱离[8]；凭借便利的交通和良好的经济基础，江南地区乡村旅游业和第三产业迅速发展，此时的乡村旅游集中在古村古镇等传统聚落风貌较完整的区域。2000 年以后，新农村建设使江南乡村面临新一轮的功能转型进程，土地资本化成为乡村变迁的重要动力。农民宅基地和耕地进入市场流通体系，给江南乡村带来了根本性的变化，乡村聚落和农业生产逐渐分离，乡村景观的功能更加多元化，不连续性更加明显（图 1-3）。综上所述，江南地区乡村景观功能在近 30 年来发生了剧烈变化，新时期将继续呈现出复杂性和不确定性，在我国

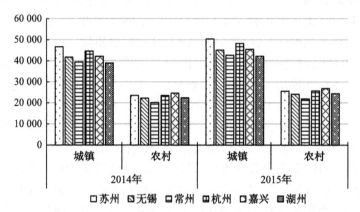

图 1-2　2014 年和 2015 年江南地区主要城市人均可支配收入（元／年）

图 1-3　城镇化背景下乡村景观的多元性特征（宜兴市太华镇龙珠村）

经济转型的大背景下其景观类型呈现出多元化特征。

2) 生态环境的破坏

乡村经济结构的改变对其空间形态、生态系统和文化传统都造成巨大冲击。生态系统的压力主要来自工农业生产、居民点建设和旅游业发展等几个方面。调查发现，不少村落缺乏有效排污监管机制，工农业产生的污水直接或间接排放到区域内的河流、湖泊以及农田，造成了严重的水质、土壤污染，而村镇企业分散发展的模式使得江南乡村的环境污染情况更加难以控制。以太湖为例，据统计该流域约有172条河流，大多数河流水质都呈恶化趋势，而这些水质不达标的河流最终都汇入了太湖[9]（图1-4）。2006年，太湖湖心区平均氮、磷的含量分别比1996年增加了2倍和1.5倍，2007年太湖蓝藻暴发直接造成了无锡饮水危机，引起国家和社会的广泛关注[10]。经济转型的新时期，面对大规模的企业生产，脆弱的乡村生态系统更需要合理的环保法规和产业布局的规划。

与此同时，居民点的无序扩张建设也是常见的环境破坏行为。由于长期缺乏科学合理的建设规划指导方案，在追求更舒适生活环境的简单动机下，村民倾向于扩建和新建住宅，这种"一户多宅"的情况不仅造成传统聚落的分散和无序发展，同时也导致耕地面积减少、生物栖息地受到侵占，增加了乡村自然景观的破碎化，降低了区域乡村景观类型的多样性。江南水乡古村古镇的旅游发展也在不同程度上为环境保护带来了压力，例如迅速扩展的建筑用地、密度不断增加的路网以及旅游业产生的废水废物无序排放等问题，都需要有较为完善的法律法规加以控制。合理规划江南地区产业布局，控制工业废水废气排放，强化耕地保护体制，保护和完善乡村景观的生态功能，是乡村景观研究的重要课题。

3) 景观特色的消失

在自然和人文两大景观系统都受冲击的背景下，江南地区乡村聚落景观特色面临巨大威胁，大量普通村落的传统景观特色逐渐消失（图1-5）。地区经济的发展虽然为江南地区乡村景观保护和开发提供了经济基础，但大量脱离地域文脉的建筑景观使得乡村建筑风格杂乱，原本稳定的乡村聚落风貌受到干扰；而村民盲目模仿城镇建筑风格，简单复制造成了

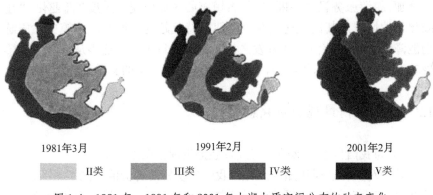

| 1981年3月 | 1991年2月 | 2001年2月 |

Ⅱ类　　Ⅲ类　　Ⅳ类　　Ⅴ类

图1-4　1981年、1991年和2001年太湖水质空间分布的动态变化

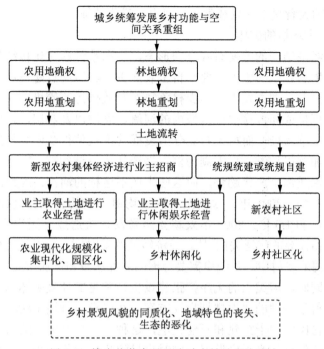

图 1-5　城乡统筹发展思路对乡村景观的影响

建筑风格的趋同化，村落景观建筑风貌严重受损。同时，传统村落核心聚落的建筑却由于疏于管理、缺少维护而面临坍塌消失的困境，造成古村落的"空心化"。随着经济发展，人口变化、收入增加、家庭规模变小、交通条件改善、农村产业变化等因素成为乡村聚落演变的重要力量。对于旅游资源丰富的村落，得益于人口的激增和经济的发展，乡村建设力度增强、乡村聚落向外膨胀、内部逐渐解体和重构，是此类乡村在新农村建设进程中面临的广泛问题。尤其在缺乏专家指导的情况下，片面追求视觉效果的整齐，对村落中主要街道从材料到建筑形式"一刀切"，忽略了乡村民居的个性，大量具有浓郁地域特色但未能划入文物建筑保护体系中的聚落遭到毁灭性破坏。在开发较早的江南古镇，聚落特色的保护工作同样不容乐观，自 20 世纪开发古镇旅游以来，由于旅游者数量逐年增加，旅游服务设施不断更新，古镇核心区域出现了过度"商业化""超载化"的情况，其民居建筑和聚落肌理特色趋同化严重，古镇文化旅游功能降低；古镇旅游形式开发之后，旅游项目单一，逐步从古镇文化感受转变到购物、娱乐的趋势，严重影响了江南古镇的文脉延续能力。

1.2　江南乡村景观的研究意义

1）为我国传统村落的可持续发展提供理论探索

随着对乡村景观认知的深化，我国传统村落的价值得到了重新定位，其文化价值和经济价值受到同等重视。与此同时，乡村旅游的快速发展使得传统村落成为重要的旅游资源，传统村落中的乡村聚落、自然景观及乡土文化都面临外界的干扰和冲击，出现了不少以"建设""改造"甚至"保护"为名的破坏，传统乡村景观特色正受到各类不可持续性开发的严重威胁，急需建构针对当前问题的理论体系。乡村景观评价通过构建乡村景观评价体系，全面掌握乡村景观构成要素，对乡村景观的特征进行描述，是乡村景观规划设计的基础。乡村景观评价的研究对象包括乡村经济、社会、生态及美学价值，是乡村景观稀有性的总体评估；通过乡村景观评价，可以明确乡村景观的优势与劣势，为景观保护和开发提供基础，为生态环境保护提供基础数据；乡村景观评价旨在优化乡村景观资源管理与配置，有利于乡村社会、环境及产业的和谐发展，促进人与环境的和谐共处，为传统村落景观的可持续发展提供理论依据。

2）为乡村景观生态保护提供理论指导

2012年，中共十八大报告中，将"美丽中国"作为我国当前生态文明建设的宏伟目标，首次以国家发展战略的高度论述生态文明建设。乡村聚落是生态系统中重要的组成部分和表现形式，但我国长期以来对乡村景观生态的理论和实践研究都滞后于城市，在城乡一体化的时代背景下，乡村景观理应受到与城市景观同样的关注。从人地关系来看，乡村作为农民生存与生活的基本空间，是人类与自然环境发生联系最直接、最密切的景观类型，是以人类活动为主导的社会—经济—自然复合生态系统。在新的时代背景下，展开乡村景观评价的理论研究，对梳理乡村景观生态关系，理顺乡村复合生态系统三个子系统之间互为制约的关系，以及为乡村聚落生态系统的健康发展和维系都具有重要现实意义。从居民生活水平角度来看，虽然近十几年来城市化进程加快发展，部分地区乡村建设水平提高较快，但在短时间内我国仍然会有几亿人口在农村或者与农村有千丝万缕的联系，研究乡村景观评价对于掌握乡村景观基本信息及变迁特征具有重要意义，对于我国提高农村生活质量、推进美丽乡村建设健康发展具有重要意义。

3）为我国新农村建设实践提供技术支持

当前我国新农村建设正全面展开，这既是一次提高乡村景观质量的契机，同时也面临着来自"建设性破坏"的巨大挑战。由于缺乏经验、管理水平不高等实际困难，新农村建设急需制定简单易行的资料数据平台及评价指标，收集整理乡村建设中的经验和教训，为乡村实践工作提供理论指导。而以风景园林学科的角度来看，新农村建设的实践问题多集中在：①忽略农村的个性特征，错误地将农村和城市混为一谈，浪费资源的同时为农村生态环境带来巨大压力；②忽视乡村景观的系统性，采取简单粗暴的推倒重建策略，严重破坏了乡村景观特色；③缺乏优秀的示范案例，错误地将新农村建设和旅游开发等同。综上所述，我国新农村建设面临着巨大挑战，急需建立乡村景观信息共享平台，以解决乡村景观建设实践的具体问题。而景观评价的主要目的是通过建立信息库实现对乡村景观的评价与监测，具有研究平台的意义，可提供案例展示、问题汇总及经验总结所需条件，能够为解决乡村景观所面临困境提供实践经验。

4）为乡村景观评价探索定量技术应用

3S 技术是地理信息系统（GIS）、遥感（RS）和全球定位系统（GPS）的简称，具有强大的空间信息处理功能，在景观空间格局分析和动态监测方面有广泛应用空间，可以为景观评价系统的建立提供信息分析平台和基础数据库。3S 技术能够在景观数据获取、景观格局定量分析、景观生态监测和景观规划等方面展开应用，进而在景观数据准确度评价、景观尺度推绎、景观格局优化和景观生态模拟等方面进行分析，具有广泛的应用价值。3S 技术拥有强大空间数据处理能力，可有效弥补其他常见图形处理软件所欠缺的数据分析功能，从根本上实现了信息和图形的互动与沟通；同时，GIS 技术平台可以完成三维空间的分析任务，实现对研究区域高程、坡度、坡向等方面的可视化描述；基于 GIS 的景观格局指数处理能力，能够分类表述不同景观结构的格局特征，为定量研究提供数据支持。此外，GIS 软件可以实现数据的叠加，并通过直观的形式描述出来供决策者参考。因此 3S 技术对于乡村景观评价的定量研究具有重要意义。

1.3 相关概念

1.3.1 景观

1）景观概念的起源与发展

"景观"一词最初是用来描述对象在视觉及美学层面的意义，与"风景"是近义词。希伯来文本的《圣经》是最早出现景观这一词的文献，用以描述圣城耶路撒冷的美景[11]。随着人类认知的深化，当下对景观概念的理解早已超出单纯视觉意义上的"风景"，因学科和研究领域的不同而有多义的理解，其含义趋向于空前广泛的范畴：作为学科名词，景观在地理学中被定义为一种地表的景象类型，例如城市景观或森林景观，作为一种类型单位的通称；在建筑学中，建筑师将景观作为建筑物所在场地环境的基底，是建筑物的配景或背景；在艺术学范畴内，景观与具有审美价值的"风景"一词等同，是艺术表现的对象，倾向于对现实的抽象和表现；在旅游专业中，景观是一种具有欣赏或者体验价值的资源，侧重于对景观稀缺性的定义；在景观生态学体系中，景观是由廊道、斑块和基质构成的具有复杂层级的生态系统，更侧重于物质和能量流动的分析；人文地理学将景观视作一个区域的综合特征，注重从人与自然的关系角度解释景观的含义，包括自然和人文两个方面，既涵盖了地形、植被及气候等要素，也包括社会、经济、历史、文化等要素；从历史进程来看，景观分为传统景观和现代景观；由景观与人类的关系来看，可以划分为自然景观和人文景观等。因此，景观既可以是实用性对象，也可以是审美素材；既可以是视觉上的，也可以是观念上的；既可以是独立的概念，也可以是全面的系统。

当前的学术界对景观的定义倾向于尽可能全面性的描述，认为景观是指由不同生态系统组成的地域综合体，是具有重复性格局的异质性地理单元[12-14]，是包括人类影响和管理的环境历史的表征[15-18]，同时也是动态的地球表面系统[19]，景观的基本组成成分是景观单元，等同于土地分级的最低级——立地[20]。因此，与传统理解差异之处在于景观不再是静态的对象，而是一个因自身能量和物质储存不平衡而产生流动和循环的有机系统，在景观这个系统中，这些动态的能量和物质的维持是通过各种自然过程，主要包括生长、衰退、流动和转化，以及人与自然长期相互作用导致了景观变化，自然作用力量和人类活动都会导致景观的变化[21]。综上，景观是极为广义的概念，不同学科对其有着特定的理解，广泛应用于地理学、生态学、风景园林学、旅游学、建筑学及艺术学等领域。

2）地理学中的景观概念

地理学是较早对景观进行描述的学科，"景观"一词最早可以追溯到德国地理学家使用的"Landschaft"，用来指代土地或对土地的感知，含义较为模糊。随着学科的发展，景观被广泛应用到地理学的相关领域。现代意义上较早提出景观含义，并对其内涵进行具体限定的学者是洪堡，洪堡将景观概念理解为由气候、土壤、植被等自然要素和文化现象组合成的综合体，强调对景观综合特征的阐述，具有较强的实用意义。1885年哈默顿（Hamerton）[22]对景观定义为"特定地点所能看到的全部地表"。1925年随着卡尔·索尔（Carl Sauer）[23]的《景观形态学》发表后，"风景"在美国被定义为"由包括自然的和文化的显著联系形式而构成的一个地区"。索尔将自然景观和人文景观相结合，认为在漫长的历史过程中，自然景观逐渐演进为人文景观并成为人类文化的一部分，将研究方向由单纯的客观对象描述转为人文要素分析，催生了景观在人文地理学科的解释。进入20世纪，景观在人文地理方面的内涵更为明确，涵盖范围逐步延伸到社会和文化层面。如科斯格罗夫（Cosgrove）[24]认为，景观是一种文化图像，是一种图形表达方式，用来描绘、组织或指代环境。地理学家爱德华·瑞尔夫（Edward Relph）[25]也对景观做了具体阐述，认为景观的范围可以涵盖人类活动的全部过程，人们的所见所感也应在此列，景观是与人们日常生活紧密联系的一切条件的总和，包括对人类有价值的和无价值的要素。

3）生态学中的景观概念

1939年德国生物地理学家特罗尔（C. Troll）将景观与生态学相结合，开创了具有划时代意义的景观生态学。按照特罗尔的理解，景观是地球上一切实体形式的存在，超过了人的视觉感知体验空间；景观的要素之间存在能量和物质的联系，从而将人类社会与自然环境都纳入景观的领域，成为相互联系的整体中的一环，突出了景观构成要素之间的联系。福尔曼（Forman）和戈德罗恩（Godron）从景观生态学视角提出了较完善的"景观"解释，认为景观是"由相互作用的镶嵌体（生态系统）构成，并以类似形式重复出现，具有高度空间异质性的区域"。我国不少学者也对景观定义给予了不同的阐述，比较有代表性的观点是由肖笃宁和李秀珍[26]提出的："由不同用地类型镶嵌构成的，具有显著视觉特征的地理实体，处于生态系统之上、地理区域之间的中间尺度，兼具经济、生态和美学价值。"

综上所述，景观的定义具有显著的开放性，并且对景观的描述趋向于层次性、综合性，较为完善的观点为莫斯（Moss）[27]在1999年提出的六种解释：①景观是一种特殊结构，包括地貌、植被、土地利用和人类居住格局；②景观是异质性镶嵌体，其生态系统是相互联通相互作用的；③景观是一个区域整体系统，综合了人类活动与土地；④景观是生态系统向上延伸的组织层次；⑤景观是遥感图像中的像元排列；⑥景观是风景，它的美学价值是由文化内涵决定的。

1.3.2 乡村

乡村景观是一个内涵广泛的概念，其定义范围集中在人口密度、土地利用方式、生产方式及与自然环境的关系等方面。相对于城市而言，乡村的人口密度较低、土地利用方式呈粗放状态、生产方式以农业为主、与自然环境的关系更为紧密（图1-6）。代表性观点为约翰斯顿[28]在《人文地理学词典》中对乡村定义做出的解释：从土地利用类型角度来说，乡村的典型特征是农业或林业土地利用类型占主导，或者存在大量未利用呈自然状态土地的地区；从聚落特征来说，乡村聚落规模较小、分布无秩序。同时，乡村可视为人类基于对环境适应而产生的生活方式，体现了人与环境的相互关系。刘之浩、金其铭[29]从经济地理学角度认为乡村是区域经济文化的共同体；张光明[30]从人口分布角度对乡村

图1-6　常州市新北区安家舍村景观（2016年2月）

定义，认为乡村是指人口规模较小的单个聚落，聚落之间具有开阔距离。此外，还有不少学者倾向于将城市与乡村对比来描述乡村景观，例如葛丹东等[31]以城市化程度作为乡村定义的标准，非城市化的地区就是乡村；张泉等[32]从农村与城市的对比角度出发，认为乡村是村庄、居民点及集镇的综合体，其主要功能是农业生产和居住；张小林等[33]从固定区域的乡村性和城市性程度划分出乡村区域，乡村性较强的区域为乡村，而城市性较强的区域就是城市，不同属性的区域之间存在边界，乡村和城市的边界是动态的，其发展是一个呈动态性演变的过程[34]。

整体来看，乡村作为一种与城市面貌不同的区域景观属性，是在不断发展变化的。随着乡村经济结构的变化，乡村出现了多样化、复杂化的新特征，传统的低人口密度、农业生产活动及乡村理念已经不符合现代乡村的内涵。当前乡村产业开始转向，出现大量非农的经济结构，聚落模式也出现城市化的趋势，反映出"乡村—城市"一体化的趋势，出现了城乡之间的转型过渡区域；从逻辑上来说，乡村也会有影响城市的情况，只是不如城市对乡村的影响那么显著罢了。

1.3.3 乡村性

乡村作为一种景观类型，具有程度上的深浅变化，因此不少学者试图将这种程度的变化进行描述，由此延伸出了"乡村性"的概念。对比乡村和乡村性，从概念范围上来说前者要比后者更为宽泛。在当下大规模城市化进程的背景下，乡村性的概念更适合用来描述不同区域的景观属性，例如张小林[34]认为，将城市与乡村视作一个连续不间断的整体，二者之间不存在断裂点，而只存在乡村性或者城市性的问题，乡村性强的区域为乡村，城市性强的区域为城市。这种针对固定景观属性程度深浅的描述，尤其适合当下城市化快速发展的时代背景，具有重要的理论意义。同时，乡村性概念的提出为解决乡村问题带来了新的视角，即可以参照城镇的发展规律来验证乡村的变迁状况，是一种类似于反推的逻辑结构，相关专业的研究者已通过现有的乡村性识别技术路径，对不同区域的乡村景观重新定义，并解决了不少乡村地区所面临的具体问题，如周华等[35]提出的对江苏省乡村性的评价标准（表1-1）。

乡村性作为一种描述乡村景观的手段，具备一整套理论体系和具体研究指标。鉴于乡村的复杂性和乡村性的动态特征，乡村性指标也应该是广泛的、动态的，受人文地理和经济地理学科对乡村研究的启发，可以从经济、人口、社会结构等角度建立乡村性的指标体系。例如20世纪70年代，克洛克（Cloke）[36]以英格兰和威尔士地区为例进行了乡村性指标体系的研究，并力图以指数说明乡村性的具体情况，使用变量统计的方式，分析了人口结构、人口密度、居住条件、就业结构、土地利用、人口迁移和偏远性7个指标，利用量化指标的方法，将乡村划分为4个

表 1-1　江苏省乡村性评价指标

指标	计算方法	指标特性
耕地变化速率	(末期耕地面积－初期耕地面积)/初期耕地面积	+
乡村人口变化率	末期城市化率－初期城市化率	－
第一产业就业比重	农林牧渔业从业人数/乡村从业人数	+
农用地产出率	农业总产值/耕地总面积	－
农业劳动生产率	农林牧渔业总产值/农林牧渔业劳动力总数	－

注:"+"表示正指标,值越大,表明区域乡村性越强;"－"表示逆指标,值越小,表明区域乡村性越强。

等级,包括绝对乡村、中等乡村、中等非乡村和绝对非乡村,为研究乡村性提供了理论探索。1976 年伍德拉夫(Woodruff)也做了类似研究,依照人口的变化特征对乡村区域进行划分,分别是"人口低速减少、人口加速减少、人口增长倒转、人口减少逆转、人口增长减速和人口增长加快"6 种特征。

1.3.4　乡村景观

　　构成要素是乡村景观内涵界定的手段之一,不同的景观组合和结构方式构成了不同的景观类型(图 1-7)。例如王云才[25]将乡村景观定义为由自然景观、聚居景观、经济景观和文化景观构成的综合体,乡村景观以生产为主要功能,土地利用模式较为粗放,并且逐步形成了基于乡村景观的文化类型和生活模式。谢花林等把乡村景观看作"自然—经济—社会"的复合生态系统,由农田、水体、村落、林草、畜牧等组成,乡村景观中复杂分布着大小不一的居民住宅和农田,居民点、商业中心,还有农田、果园和自然风光存在于同一基底之上。刘滨谊等[37]认为乡村景观是相对于城市景观的概念,是乡村地区人类与自然环境不断相互作用所产生的景观类型,融合了乡村聚落景观、生产景观和自然景观三大主要内容,其中生产性景观作为农业生产的产物,是乡村景观的主体要素。

　　从景观结构和功能角度进行描述,为探讨乡村景观本质提供了理论基础。乡村景观与城市景观最大的区别在于建设用地的减少和自然景观的增加;在功能上,乡村景观与周边的自然环境具有更紧密的联系,具有动态性。在农村地区,劳动力主要服务于农业生产,物质和能量循环也呈现出良性的互动,乡村景观中物质和能量通过农田景观回

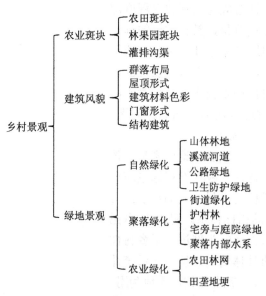

图 1-7　乡村景观的基本构成

归自然，实现生态性的循环过程[18]。

从层级角度来说，乡村景观也是区域景观体系的一部分，是构成地域景观综合体的基本单元之一，乡村景观的形式和功能属性决定了整个乡村地区的景观面貌。金其铭等[38]将乡村景观与其所在区域的自然基底特征进行对比，通过对乡村景观土地利用模式、景观形态及功能的描述定义乡村景观；谢花林等[39]从景观生态学的角度出发，认为乡村景观是乡村地区不同土地单元的镶嵌体，这种镶嵌体具备独特的形式和功能，为乡村生产和生活提供物质载体，同时也是乡村物质和能量流通的渠道；刘滨谊[40]从环境资源角度阐述乡村景观的定义，提出乡村景观综合体的概念，认为乡村景观的价值属性是其首要特征，即乡村景观是一种可供开发的资源，具备经济、生态及美学等价值。

对乡村景观的定义描述尚存在较大差异性，具有多样化的研究视角和描述方式，但在乡村景观的构成元素、研究范围等基础性视角可形成较为一致的观点，具体如下：

（1）从研究范围来说，乡村景观是人类文明与自然环境的高度结合。

（2）从与城市景观的对比来看，乡村景观受到的人为干扰强度低，其自然属性较强；自然环境在农村用地类型中占据主导地位；人口密度小，土地利用较为粗放，聚落分布松散，景观异质性大，且农业生产是其主要景观功能。

（3）从与城市的空间关系角度来看，城市景观之外的部分被认为是乡村景观，其功能超出了基本的农业生产，包括了风景区。

（4）从景观构成来看，乡村景观是融合自然景观、聚落景观、民俗景观及区域文化景观的综合体，非物质要素也是其重要的组成部分。

（5）从价值角度分析，乡村景观具有多重价值，包括生产、经济、生态和文化价值，在乡村旅游开发的背景下，还具备休闲和娱乐的价值。

1.3.5 聚落和乡村聚落

1）聚落

聚落（Settlement），依据汉字造字法拆分开来解释："聚"指三人向某处汇集（图1-8），三人即为"众"，即许多人的汇聚，表达的是一个聚合的过程；"落"的本来意思是树叶的掉落，是对一个动态过程的描述，延伸理解就是落点与着落，具有地理位置指示的意义。

（1）从产生过程来看，聚落是一种历史现象，是人类社会发展到一定阶段的产物。在原始社会的末期，人类出现了第一次劳动大分工，确立了农业生产方式的同时产生了聚落，即固定的人类聚居地才开始出现（图1-9）。我国古代典籍对聚落的产生过程也有相关记载，例如《汉书·沟洫志》中说："（黄河水）时至而去，则填淤肥美，民耕田之。或久无害，稍筑宫室，遂成聚落……"作为一种历史现象，聚落伴随着人类生产力

图1-8 "聚"和"乡"篆书写法的象形特征

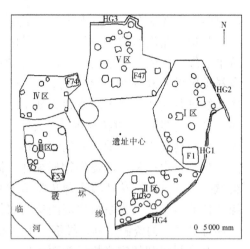

图1-9 姜寨遗址中的居住点分布
注：HG 指壕沟；F 指房子。

的发展及与之相适应的生产关系的变化，其具体形态也在不断地发生着改变[41]。聚落是人类文明进程的产物，有起源、发展、繁荣、变迁、衰落及消亡等不同历史阶段，因此对聚落的分析也具有了历史研究意义，例如，在对美洲印第安村落的研究中，摩尔根（Morgan）[42] 提出了原始社会聚落和建筑对于研究固定历史时期的社会意识和习俗具有"活化石"的作用。路威（Lowie）[43] 借用文化人类学理论进行原始聚落研究，阐述了从原始棚屋到聚落出现的历史过程，指出自然要素与习俗力量在聚落中起支配作用。

（2）从功能来看，聚落是供人类聚集生活的场所，属于人居方式的范畴。早期人居的基本模式是聚居，这是在人类生活过程中逐步形成的环境形态[44]。人口密集的地区可称之为聚落，例如《辞海》对聚落的解释是"村落里邑"；景观生态学中的聚落是人类生存环境中的定居人口活动的文化景观；而在历史学中聚落被认为是一个相对稳定的历史遗址居住单元。因此，聚落提供了人类的居住场所，包括各种形式的聚居地，是融合自然因素、人工因素及非物质文化因素的综合体，不仅提供了生活和生产场所，同时也是一切人类精神文明的物质表征，体现了自然、人类及社会系统的辩证互动关系。从人类生存和居住角度阐释聚落，有助于重构聚落的本质意义，将聚落的内涵精神和物质形态统一起来。

2）乡村聚落

乡村聚落是指以从事乡村生产为主的区域内居民的聚居空间环境，包括自然要素与人工要素，也包括非物质文化要素。"乡村聚落的实质就是组成聚落的各元素在特定地理位置的聚集，也即是各种与乡村居住、生活相关的物质（包括人）与非物质的聚集。"[45]顾名思义，乡村聚落与"乡村"和"聚落"两个内涵丰富的概念直接相关，对乡村聚落的解析也应建立在理清三者之间联系的基础上。

首先要理清乡村和聚落的关系。乡村聚落与村落的意义相近，但内涵存在差异。在我国古代聚落可以直接指代村落，例如《史记·五帝本纪》中的"一年所居成聚，二年成邑，三年成都"中的"聚"和《汉书·沟洫志》中的"或久无害，稍筑室宅，遂成聚落"中的"聚落"均指村落[46]。但是古代"聚落"的指代范围与今天相比有较大差异，即仅限于乡村或者小型的居民点，并不包含表示古代城市的"城""都""邑""都市""都会"的意义，只是到近现代聚落的概念才逐渐拓展，泛指一切居民点，既包括乡村居民点，也包括城市居民点[47]。此时乡村聚落的指代范围扩展至各乡村类居民点，包括了建制和非建制的乡村集镇，散居和聚居的乡村民居单元，其他散落分布于乡村野外自然保护区内的科考建筑以及城郊的别墅区及其他休闲类建筑。因此从指代范围角度来说，村落小于乡村聚落，乡村聚落可以包含村落。

1.3.6 古村落、传统村落和历史文化名村

1）古村落

顾名思义，古村落是指历史悠久、具有一定文化积淀的村落，是基于村落历史和文化背景的通俗说法。历来对于"古村落"的描述性概念较多，但对于"古"的程度界定却较少。朱晓明[48]认为古村落是"在民国以前建村，保留了较大的历史沿革，即建筑环境、建筑风貌、村落选址未有大的变动，具有独特民俗民风，虽经历久远年代，但至今仍为人们服务的村落"。刘沛林[49]将历史范围略有缩小，认为古村落主要指"宋元明清时期遗留的古村""村落地域范围基本未变，村内的建筑、传统氛围、风俗习惯都较好的保存"。

古村落是存在于中观尺度地理空间上的一种特殊景观，它是由历史遗留下来的古民居建筑群、历史事象、艺术表现、自然环境、人类生产活动以及一种抽象的文化内涵、风格、古韵氛围等组成的综合景观体[50]。古村落是我国历史文化遗产的类型之一，能够反映乡村景观在不同时期、不同经济社会体制下形成、发展、演变的过程。古村落具有一定历史阶段的发展演变，是自然、社会与人的行为意志共同作用下的产物，包含建筑、街道、农田、基础设施、山体及河流等静态的自然和人工物质实体，是一个"复杂、综合的系统"[51]。

2）历史文化名村

中国历史文化名村，是由住房和城乡建设部、国家文物局共同组织评选的，保存文物特别丰富且具有重大历史价值或纪念意义的，能较完整地反映一些历史时期传统风貌和地方民族特色的村[52]。

同样是从历史文化角度出发的村落定性研究，"历史文化名村"要比"古村落"有着更为明确的界定，从评定体系来看，更注重考察村落的文物等级。各级历史文化名村具有官方性质的认定机构，有固定的评选标准。例如"中国历史文化名村"就是由住房和城乡建设部与文物局共同

组织评选的，评选标准（表1-2）由2大类14小类的量化评定指标构成，并定期公布入选村落名单，于2005年公布了第一批中国历史文化名村（表1-3），到2016年已经确定了6批，共276个村落，江南地区的历史文化名村目前已经有12个。

3）传统村落

中国传统村落，指拥有物质形态和非物质形态文化遗产，具有较高的历史、文化、科学、艺术、社会、经济价值的村落②。传统村落一般指那些形成于民国以前，拥有较为丰富的自然景观或文化遗产，在历史、

表1-2　中国历史文化名村和传统村落评选标准

中国历史文化名村		传统村落		
价值特色	1. 历史久远度 2. 文物价值（稀缺性） 3. 重要职能特色或历史事件名人影响度 4. 历史建筑与文物保护单位规模 5. 历史建筑（群）典型性 6. 历史环境要素 7. 历史街巷、（河道）规模 8. 核心保护区风貌完整性、历史真实性、空间格局特色功能 9. 核心保护区生活延续性 10. 非物质文化遗产	传统建筑	定量评估	1. 久远度；2. 稀缺度；3. 规模；4. 比例；5. 丰富度
			定性评估	6. 完整性；7. 工艺美学价值；8. 传统营造工艺传承
		选址和格局	定量评估	1. 久远度；2. 丰富度
			定性评估	3. 格局完整性；4. 科学文化价值；5. 协调性
保护措施	11. 规划编制 12. 保护修复措施 13. 保障机制	非物质文化遗产	定量评估	1. 稀缺度；2. 丰富度；3. 连续性；4. 规模；5. 传承人
			定性评估	6. 活态性；7. 依存性

表1-3　中国历史文化名村和传统村落数量与批次

名称	批次（公布时间）	全国范围内数量（个）	江南范围数量（个）	评定单位
中国历史文化名村	第一批（2003年10月）	12	0	住房和城乡建设部、国家文物局
	第二批（2005年9月）	24	0	
	第三批（2007年6月）	36	3	
	第四批（2008年12月）	36	0	
	第五批（2010年12月）	61	2	
	第六批（2014年2月）	107	7	
	合计	276	12	
传统村落	第一批（2012年12月）	646	6	住房和城乡建设部、文化部、财政部
	第二批（2013年8月）	915	12	
	第三批（2014年11月）	994	13	
	第四批（2016年12月）	1 598	22	
	合计	4 153	53	

文化、艺术、建筑、社会经济等方面存在价值的村落[53]。为了更加凸显村落的传统文明和历史久远性，传统村落保护和发展委员会在2012年将"古村落"改为"传统村落"，以突出其"文明价值及传承的意义"。目前已公布四批传统村落名单，共4 153个，其中江南地区有53个。从"古村落"更名为"传统村落"体现出村落价值认知方面的进步[54]。我国大多数的传统村落历史悠久、人文资源丰富，同时兼有较高审美价值和生态价值的自然环境，是自然、人工和文化三要素的统一体，兼具审美、生态和文化传承等功能。对比"中国历史文化名村"的评选标准，传统村落更注重村落的文化意义，因此评选标准相对宽泛，但定性和定量指标区分清晰，便于操作；同时，"传统"不仅体现在年代久远上，村落的综合特色和文化属性成为重要指标，对于我国乡村景观特色的可持续性保护具有重要的实际意义。

1.4 解决的主要问题及技术手段

本书以3S技术为手段探讨我国江南地区乡村景观的评价研究。总体研究思路（图1-10、图1-11）包括定性和定量两个方面。

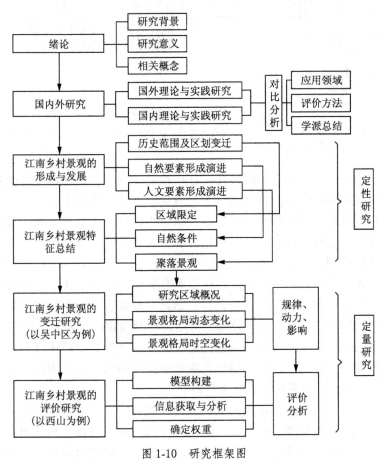

图1-10 研究框架图

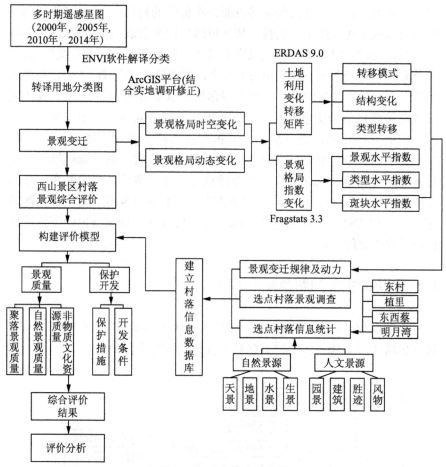

图 1-11　研究技术路线图

注：ENVI 和 ERDAS 9.0 是遥感图像处理软件；ArcGIS 为地理信息系统软件；Fragstats 3.3 为计算大量景观指数的计算机软件。

定性研究主要解决的问题有：江南地区范围的界定；江南地区乡村景观的研究现状分析；江南地区乡村景观的形成与发展过程研究；江南地区乡村景观的总体特征研究。定性研究将江南地区乡村景观的总体特征作为研究目标，以相关文献资料为研究基础，确定本书中"江南"的具体地域范围，并通过考察前人研究成果、县（镇）志、村民家谱以及相关实体文物，整理出该地区乡村景观的形成和发展；进一步结合实地调研，对江南乡村景观特征的具体内涵进行整理、描述和界定。定性研究的逻辑起点是对江南地区范围的界定，起到限定研究区域的作用；而对江南地区乡村景观形成和发展的定性研究，则涉及自然环境、人文背景和生产方式等对乡村景观特征起决定性作用的因素，为构建江南地区乡村景观综合评价系统提供基础资料。

定量研究选取苏州市吴中区作为具体研究区域，主要解决的问题包括：吴中区用地类型图的制作；自 2000 年以来研究区域乡村景观格局的变迁；经济结构变化对吴中区景观格局的影响；研究区域乡村景观资源评价；研究区域乡村景观聚落适宜性评价。定量研究依靠具体的数据，对比分析研究区域各用地类型的变化趋势，并做到在图上精确表现聚落范围、高程以及用地类型等信息，为景观评价提供依据。具体研究思路是依靠 ENVI 软件的解译功能，将吴中区自 2000 年以来不同时期（共四期）的遥感卫星图进行解译，在 ArcGIS 软件中将吴中区乡村景观按照用地类型划分为水体、耕地、林地、草地、建设用地及未利用土地六大类，建立用地类型专项图，利用 Fragstats 软件计算各用地类型的斑块类型水平和景观水平，对比分析近 14 年以来（2000—2014 年）吴中区各用地类型的变化状况，以此描述吴中区景观格局的动态变化特征以及时空变换特征；结合该区域的经济和人口数量变化情况，分析经济结构变化对景观格局变迁的影响。景观评价部分研究中，将研究区域乡村景观资源进行总体评价，按照自然条件、建筑风貌及文物价值等要素进行等级划分；根据地形因素、环境因素及社会因素作为三个指标层，对研究区域的聚落适宜性进行评价，并将资源评价图和适宜性评价图叠加，对研究区域乡村景观进行总体评价，并针对当前村落的开发和保护情况提出调整策略。

第 1 章参考文献

[1] 李清.习近平在中央城镇化工作会议上发表重要讲话[EB/OL].(2013-12-14) [2018-11-22].http://www.xinhuanet.com.

[2] 苏州市统计局.2014年苏州市国民经济和社会发展统计公报[EB/OL].(2017-08-03) [2018-11-22].http://www.suzhou.gov.cn.

[3] 苏州市统计局.2015年苏州市国民经济和社会发展概况[EB/OL].(2018-07-18) [2018-11-22].http://www.suzhou.gov.cn.

[4] 季松,段进.空间的消费——消费文化视野下城市发展新图景[M].南京:东南大学出版社,2012:29.

[5] 国家统计局.2015年国民经济和社会发展统计公报[EB/OL].(2016-02-29)[2018-11-22].http://www.stats.gov.cn.

[6] 黄蓓,阮仪三.周庄市河街区保护规划[J].城市规划,1987(4):33-34.

[7] 新华社.江南古镇联合申遗[EB/OL].(2015-03-30)[2018-11-22].http://zjrb.zjol.com.cn.

[8] 王勇,李广斌.苏南乡村聚落功能三次转型及其空间形态重构——以苏州为例[J].城市规划,2011,35(7):54-60.

[9] 新华网.新华时评:一城之伤 流域之痛[EB/OL].(2017-06-03)[2018-11-22].http://news.sohu.com.

[10] 章轲.环保官员与太湖蓝藻的八年抗战:是天灾更是人祸[EB/OL].(2015-12-30) [2018-11-22].http://www.yicai.com.

[11] 刘沛林,刘春腊,邓运员,等.基于景观基因完整性理念的传统聚落保护与开发[J].经济地理,2009,29(10):1731-1736.

[12] Forman R T T, Godron M. Landscape ecology [M]. New York: John Wiley and Sons, 1986.

[13] Forman R T T. Land mosaics: The ecology of landscapes and regions [M]. London: Cambridge University Press, 1995.

[14] 王仰麟, 赵一斌, 韩荡. 景观生态系统的空间结构: 概念、指标与案例[J]. 地球科学进展, 1999, 14(3): 235-241.

[15] Thomas M, Simpson I. Preface-landscape sensitivity: Principle and applications, northern cool temperate environments [J]. Catena, 2001(42): 81-82.

[16] Hamber W. Landscape ecology as a bridge from ecosystems to human ecology [J]. Ecological Research, 2004(19): 99-106.

[17] Molles M C. Ecology: Concept and application [M]. Beijing: Science Press, 2000.

[18] 傅伯杰, 陈利顶, 马克明, 等. 景观生态学原理及应用[M]. 北京: 科学出版社, 2001.

[19] Phillips J D. Earth surface systems [M]. Oxford: Blackwell, 1999.

[20] 卜心国, 王仰麟, 吴健生. 深圳快速城市化中地形对景观垂直格局的影响[J]. 地理学报, 2008, 63(1): 75-82.

[21] 姚允龙, 吕宪国, 佟守正. 景观敏感度的理论及其应用意义 [J]. 地理科学进展, 2007, 26(5): 57-64.

[22] Hamerton P. Landscape [M]. Boston: Roberts Press, 1985.

[23] Carl S. The morphology of landscape [J]. University of California Publications in Geography, 1925(2): 19-54.

[24] Cosgrove D, Daniels S. The iconography of landscape [M]. Cambridge: Cambridge University Press, 1988.

[25] 王云才. 现代乡村景观旅游规划设计[M]. 青岛: 青岛出版社, 2003: 8, 36-37.

[26] 肖笃宁, 李秀珍. 当代景观生态学的进展与展望[J]. 地理科学, 1997, 17(4): 356-364.

[27] 刘黎明. 乡村景观规划[M]. 北京: 中国农业大学出版社, 2003.

[28] [美] 约翰斯顿. 人文地理学词典[M]. 柴彦威, 等译. 北京: 商务印书馆, 2004: 622.

[29] 刘之浩, 金其铭. 试论乡村文化景观的类型及其演化[J]. 南京师范大学学报(自然科学版), 1999, 22(4): 120-123.

[30] 张光明. 乡村园林景观建设模式探讨——以溧阳市新农村建设中的村庄整治规划建设为例[D]: [硕士学位论文]. 上海: 上海交通大学, 2008.

[31] 葛丹东, 华晨. 城乡统筹发展中的乡村规划新方向[J]. 浙江大学学报(人文社会科学版), 2010, 40(3): 148-155.

[32] 张泉, 王晖, 陈浩东, 等. 城乡统筹下的乡村重构[M]. 北京: 中国建筑工业出版社, 2006.

[33] 张晓林, 白晋湘, 刘少英, 等. 少数民族村落现代化中传统体育文化价值认同与需求的实证研究——来自湘西少数民族群众的声音与调查 [J]. 天津体育学院学报, 2008, 23(2): 98-103.

[34] 张小林. 乡村概念辨析[J]. 地理学报, 1998, 53(4): 365-371.

[35] 周华, 王炳君. 江苏省乡村性及乡村转型发展耦合关系研究[J]. 中国人口资源与环境, 2013(9): 48-55.

[36] Gay M R. Conflict and change in the countryside [M]. London: Belhavan Press, 1990.

[37] 刘滨谊, 陈威. 关于中国目前乡村景观规划与建设的思考[J]. 城镇风貌与建筑设计, 2005(9): 45-47.

[38] 金其铭, 董昕, 张小林. 乡村地理学[M]. 南京: 江苏教育出版社, 1990: 247-283.

[39] 谢花林,刘黎明,李蕾.乡村景观规划设计的相关问题探讨[J].中国园林,2003, 19(3):39-41.

[40] 刘滨谊.人类聚居环境学引论[J].城市规划汇刊,1996(4):5-11.

[41] 王鲁民,韦峰.从中国的聚落形态演进看里坊的产生[J].城市规划汇刊,2002(2): 51-54.

[42] [美]摩尔根.古代社会[M].杨东莼,等译.北京:商务印书馆,1977.

[43] [美]罗伯特·路威.文明与野蛮[M].吕叔湘,译.上海:生活·读书·新知三联书店, 2013.

[44] 王绚.传统堡寨聚落研究——兼以秦晋地区为例[D]:[博士学位论文].天津:天 津大学,2004.

[45] 浦欣成,王竹,黄倩.乡村聚落的边界形态探析[J].建筑与文化,2013(8):48-49.

[46] 金其铭.我国农村聚落地理研究历史及近今趋向[J].地理学报,1988,43(4): 311-317.

[47] 陈勇,陈国阶.对乡村聚落生态研究中若干基本概念的认识[J].农村生态环境, 2002,18(1):54-57.

[48] 朱晓明.试论古村落的评价标准[J].古建园林技术,2001(4):53-55,28.

[49] 刘沛林.古村落:和谐的人聚空间[M].上海:上海三联书店,1998.

[50] 田密蜜,陈炜,沈丹.新农村建设中古村落景观的保护与发展——以浙江地区古 村落为例[J].浙江工业大学学报,2010,38(4):463-467.

[51] 王茵茵,车震宇.阿尔多·罗西类型学视野下对古村落形态研究的思考[J].华中建 筑,2010,28(5):131-133.

[52] 国务院法制办农业资源环保法制司,住房与城乡建设部法规司,城乡规划司.历 史文化名城名镇名村保护条例释义[M].北京:知识产权出版社,2009.

[53] 王留青.苏州传统村落分类保护研究[D]:[硕士学位论文].苏州:苏州科技学院, 2014.

[54] 彭一刚.传统村镇聚落景观分析[M].北京:中国建筑工业出版社,1992.

2 乡村景观评价国内外研究述评

2.1 国内外研究现状

2.1.1 国外乡村景观评价研究

国外早期乡村景观的评价研究，主要致力于解决人类活动导致的环境问题。随着人类活动如交通、工业、能源等设施建设的快速发展，乡村环境受到的干扰日趋强烈，产生了一系列的乡村环境污染、无序开发等问题。美国、英国等西方国家较早开展研究乡村的环境问题，并针对严重的乡村环境问题采取诸多保护行动。首先是制度建设方面的措施，20世纪60年代中期到70年代初，美英等发达国家颁布了一系列法令和政策，重视乡村环境的保护，较为典型的如美国国会通过的《野地法》(1964年)，英国政府通过的《乡村法》(1968年)等。此后的几十年间，先后出现了诸多不同的景观评价系统，例如美国土壤保护局的景观资源管理(Landscape Resources Management，LRM)[1]，联邦公路局的视觉影响评价(Visual Impact Assessment，VIA)，美国林务局的视觉管理系统(Visual Management System，VMS)[2]，美国土地管理局的视觉资源管理(Visual Resources Management，VRM)[3]，此类评价体系针对大尺度景观具有较强实用性，为美国官方机构采用。LRM评价系统主要以郊区和乡村景观为对象，而VMS和VRM系统则主要用于评价自然景观，目的是通过对自然资源，如森林、山脉及水体等景观类型的评价，探讨资源开发和保护的具体措施。英国的古迪(Goodey)[4]基于资源型、美学质量、保存完整性、空间统一性、保护价值及社会认同等方面的景观考虑，提出了针对景观质量评价体系；20世纪90年代，基于粮食安全的考虑，欧盟采取了一系列措施保护乡村景观，包括联合环境学、地理学和社会学的专家进行乡村景观评价的探讨，以促进乡村景观的可持续发展。古林克(Gulinck)等[5]以实例验证的方式，对乡村景观多样性、完整性、视觉质量等指标进行了考察；捷克、德国、波兰、荷兰等欧洲国家同样重视乡村景观的保护和开发研究，自20世纪50年代起，相关研究逐步深入，已形成较为完善的乡村景观管理体系和保护制度，如景观生态规划(LANDEP)系统[6]，可以通过对景观生态数据的量化分析评价，提出乡村景观的优化方案。此外，韩国的宋（Sung）结合人工神经网络（Artificial Neural Network，ANN）和 GIS 技术评价山区景观的美学价值并预测了其发展趋势[7]，也是具有典型性的研究成果。

1）乡村景观美学与生态功能评价

20 世纪 50 年代到 60 年代，欧洲主要国家相继制定了完整的乡村景观美学评价理论和方法。例如，胡安（Juan）等[8]以分析农业环境政策对区域景观的影响为目的，在综合对比常规的乡村景观评价方法体系后，阐述了农业环境评价的基本问题。阿里亚萨（Arriaza）等[9]试图提供一种简单易操作的景观评价方法，依据公众的不同喜好，使其对所列景观图片中的景观元素与属性进行描绘评价，从而得到与景观视觉质量最相关的要素，并完成景观视觉质量评价。莱特纳（Laterra）等[10]以专家系统（Expert System，ES）评价体系为基础，对景观生态多样性及生态功能评价做了具体探讨。

2）乡村景观的社会学评价

罗杰（Roger）[11]列举了两种不同的景观评价技术，即"偏好与替代技术"和"公共偏好模型列表与描述的技术"，从居民感官角度分析了景观与使用者的关系。路易斯（Louise）等学者[12]试图建立可较为准确实现景观功能评价和描述的框架体系，在紧扣土地利用类型和土地覆盖的量化指标基础上，将景观的相关要素扩大到社会经济层面，有效提高了景观评价的准确性，值得注意的是，在此过程中还使用了人口普查数据、景观政策及部分居民生理指标等数据，具有开拓性研究意义。豪利（Howley）[13]通过实地调研，运用最小二乘法（OLS）回归模型，揭示了乡村景观格局与居民生产生活方式的具体联系。

3）乡村景观综合评价

古林克（Gulinck）等[5]以土地利用类型为分析对象，探讨了西班牙马德里地区景观的地表覆盖多样性、完整性和视觉质量三个维度指标的具体状况，得出乡村景观风貌与功能的完整性对于区域景观的意义重大。饭山（Iiyama）等[14]从景观生态功能与社会功能角度展开分析，制定了一套集景观生态评价、社会评价两方面为一体的适宜性评价体系，并运用问卷调查等手段，以种植稻谷的梯田景观为对象进行了综合评价。

2.1.2 国内乡村景观评价研究

国内对乡村景观的评价研究主要从景观生态、景观美学以及人类聚居环境的角度进行探索。通过文献阅读发现，层次分析法在确定权重构建评价模型中得到了较为广泛的运用，是各类景观评价方法最重要的技术手段。层次分析法提供了一个便于量化的平台，能适应不同评价对象，实际操作中基于不同角度的评价指标体系会有所侧重。基于层次分析法的评价体系，国内学者提出多种乡村景观评价模式，较为典型的有：杨知洁[15]建立了 4 个层次、18 个指标的评价体系，以实地调查为基础对上海乡村聚落景观进行了评价；刘黎明等[16]采用 3 个层次、31 个指标构建了乡村景观功能评价体系，是我国较早展开乡村景观功能评价的成果之一；黄斌[17]以层次分析和模糊法为手段，对闽南乡村景观进行了评价研究，并构建了针对闽南地区的 5 个层次、30 个指标的评价体系；刘滨谊等[18]从宏观角度对中国乡村景观特征进行了总体描述，提出了 5 个层次、22 个指标的乡村景观评价体系，并分类列举了不同的具体子指标，内涵较为全面,对我国乡村景观评价体系的构建起到积极推动的作用。张扬汉等[19]以乡村景观的规划设计方案评价为对象，构建了 3 个层次、6 个因素的评价体系，是将设计实践和理论评价相结合的典型成果之一（表 2-1）。

目前景观评价涉及的领域较多，包括风景质量评价、绿地景观评价，包括居住绿地、高速公路景观、城市绿地系统等各类绿地类型的景观评价。综合各领域的评价研究成果可知，虽然针对乡村景观评价研究的技术和理论日渐成熟，但限于乡村发展的滞后性，其评价技术依然不及风景资

表 2-1　乡村景观设计方案评价指标体系

目标层 U	因素层 Up	指标层 Upi
乡村景观设计方案的综合评价 U	科学性 U1	整体符合性 U11
		功能性 U12
		系统综合性 U13
	艺术性 U2	自然美学 U21
		空间营造 U22
		乡土文化 U23
		地域性 U24
	社会性 U3	公众参与性 U31
		项目可持续性 U32
	保护性 U4	景观格局保护 U41
		乡土文化保护 U42
		农田景观保护 U43
		生态和视觉空间保护 U44
	经济性 U5	工程造价 U51
		施工负面影响和维护费用 U52
		农业景观经济活力 U53
	生态性 U6	景观多样性 U61
		生态效益 U62

源评价、森林景观评价或者是生态环境评价丰富和成熟，因此通过对景观评价方法的梳理和回顾，能够对乡村景观评价方法的选择与指标的确立提供理论参照（表2-2）。

1）乡村景观生态功能评价

我国乡村景观评价处于快速发展阶段，早期评价偏重于将景观生态学的等级、格局、尺度等思想融入乡村景观评价中，基于经济效益的单项评价较为常见，随着我国农村生态问题的日益尖锐，景观特色逐步消失，生态价值和审美价值被重新定义，乡村景观综合评价也日渐成熟。乡村景观生态环境评价主要是从环境保护的角度建立指标体系，如丁维等[20]以农村生态环境为对象，全面考察了经济活跃区农村生态环境的相关要素，从乡村功能角度提出了包含农业生产系统、生活系统和工业生产系统3个指标层、36个指标的生态环境评价体系。喻建华等[21]从农业生产的自然基底、生产投入及环境响应三个方面理解乡村景观，构建了包括18个具体指标的评价体系，对江南地区江苏昆山的乡村生态系统进行了评价。王仰麟[22]以景观生态学为理论基础，充分借鉴生态学的相关理论，提出农村景观生态系统应包括生物生产、环境服务和文化支持三个维度，是较早将乡村景观物质生产和文化功能结合起来认知乡村景观的理论成果。谢花林[23]以景观生态学的景观稳定性和异质性为理论基础，以北京海淀区温泉镇景观为对象，阐述了该区域景观异质性和生态稳定性及生态潜力的关系。

2）乡村景观经济与社会功能评价

人类生产生活是乡村景观的重要干扰源，但基于乡村生产的经济活

表 2-2　乡村景观评价的类型及代表性成果

代表性成果	评价类型	评价方法	主要评价指标	研究区域
朱东国、谢炳庚、陈永林（2015年）	生态敏感性评价	基于GIS技术的因子加权叠加法	坡度、高程、植被覆盖度、河流水库、地质灾害易发	湖南省张家界市
高奇等（2014年）	乡村生态环境质量评价	综合指数法	农业生产自然环境系统、农业生产投入系统、环境响应系统	山西省临汾市尧都区
陈英瑾（2012年）	乡村景观特征评价	基于景观要素分类的定性研究	乡村文化景观、乡村功能景观、城市边缘区乡村景观	成都市双流、龙泉驿、新津、蒲江、青白江和金堂五县
谢花林（2004年）	乡村景观功能评价	层次评价法	社会效应、生态效应、美学效应	北京市顺义区9个乡镇
刘滨谊、王云才（2002年）	人居环境评价	综合指数法	乡村景观可居度、可达度、相容度、敏感度、美景度	全国
谢花林、刘黎明、徐为（2003年）	乡村景观美感评价研究	模糊评价法	自然性、奇特性、环境状况、有序性、视觉多样性、运动性	北京市海淀区白家疃村

动又是乡村景观保护和发展的物质基础。目前我国乡村景观正从生产活动逐步转向旅游开发、生态保护等多种功能定位，在此过程中也遇到不少问题，尤其在经济发达地区的乡村，出现了过度商业化和景观同质化的现象。乡村景观的经济功能主要包括两个方面，即旅游功能和生产功能，其中生产功能又包括种植业功能及养殖业功能[24]。李向婷等[25]以乡村全年收入和人均年收入为乡村社区经济状况的评价指标，分别涉及乡村农产品的结构比例，例如蔬菜、畜禽、林果的生产，以及乡村农业劳动生产率、非农产业劳动生产率、乡村就业比例、乡村旅游业收入比例等，意图从乡村人口数量、产业结构及收入等方面评价乡村经济。丰凤和廖小东[26]则从乡村社会的稳定性出发，指出乡村集体经济的政治意义，将乡村经济和社会政治相结合以分析乡村问题，视角新颖，具有较强的现实意义。刘滨谊和汪洁琼[27]以景观生态学理论为基础，构建了包括可居度评价、相容度评价、可达度评价、敏感度评价和美景度评价在内的乡村景观评价体系。

乡村景观功能评价是学术界研究较早的领域，早期研究多集中在乡村生产生活功能方面，但随着我国经济的发展，乡村景观尤其是传统村落的价值得到了新的认知和理解，乡村景观的功能也成为一个复杂的问题，乡村社会、经济和环境问题不断激化，出现了新的矛盾和机遇。谢志晶和卞新民[28]引入了 AVC（吸引力、生命力、承载力）理论，以江苏沭阳的现代农业产业园为对象，制定了基于"经济生命力、社会吸引力、环境承载力"的乡村景观功能综合评价指标体系，评价结果排序为乡村经济生命力 < 乡村社会吸引力 < 乡村环境承载力，提出了完善基础设施建设、加快产业结构调整等具体措施。

3）乡村景观视觉质量评价

在诸多景观评价技术中，景观评价方法分为描述法（Descriptive Inventories）、公众偏爱法（Public Preference Methods）和定量整体技术法（Quantitative Holistic Techniques）三类。描述法包括生态学和形式美学两种模型，多采用专家客观评价的方法；公众偏爱法模型，如心理学和现象学模型，常常使用问卷调查的方式，采用公众中多数人的喜好；定量整体技术采用主观和客观的方法，包括心理物理学模型和替代模型[29]。乡村景观视觉质量评价（Visual Quality Assessment of Rural Landscape）就是在综合这些景观评价方法的基础上提出的。其方法包括以下五个部分：①根据景观单元的相似性（土地利用、高度和坡度等），利用 GIS 对研究区域进行景观分类；②对每一个景观单元的主要土地利用方式进行拍照；③通过观察者的偏爱调查，评价景观的美景度；④在对相隔一定距离的风景视觉质量进行度量后，利用绝对或额定变量对每一幅图像中出现的景观属性和要素的强度进行评价；⑤通过逆向解释各变量，获得每一要素对景观视觉质量感知所起的作用[9]。刘滨谊等[18]提出为保证乡村景观评价结果的客观性，应综合考虑景观质量、吸引力、认识程度、景观协调性和视觉污染等因素，使评估结果在最大程度上符合利益相关者。谢花林、刘黎明、徐为[30]选择乡村景观美学评价体系中公认的景观生态质量指标，包括社会影响、生态质量、美学效果评价指标体系三个方面，构建乡村景观美学评价体系；谢花林等[30]根据马克·恩乔普（Marc Antrop）的正向美学评价内容，结合乡村景观的特点，构建了包括自然性、奇特性、环境状况、有序性、视觉多样性、运动性6个准则层，19个指标层的乡村景观美感评价体系，并运用模糊评判法进行评价（表2-3）。

4）风景资源评价

风景资源评价是一个大的范畴，俞孔坚[31]提出风景资源评价包括风景质量评价、风景敏感性评价、风景阈值评价等方面。景观质量评价的方法分为亚单位景观单元或景观，然后由专家或公众打分，注重现场评价，且多以图片评测的形式完成。景观质量的常用评价方法有三种：

表2-3　乡村景观美感评价体系

目标层	准则层	指标层
乡村景观美感评价	自然性	绿色覆盖度
		农用地景观面积比
	奇特性	地形地貌奇特度
		名胜古迹丰富度
		名胜古迹知名度
		民居的特色性
	环境状况	清洁度
		环境季节性
		大气质量
		水体质量
		安静状况
	有序性	景观类型破碎度
		居民点总平面布局
		相对均匀度
		居民点建筑密度
	视觉多样性	景观类型相对丰富度
		地形地貌多样化
	运动性	开阔程度
		通达度

目测法、算术法和统计方法。直观的记分方法（即目测法）是直接评估景观单元，计分后排序；算术法是对选定的景观要素一一评分，加权累加；更复杂的评价在于景观要素规律的统计方法，需要建立美景度估测评价模型[32]。风景质量评价主要是对风景视觉资源的评价，突出风景的美学价值，是风景资源研究系统的中心问题。风景区景观审美评价包括评价尺度和因子分析，并建立山水风光质量评价模型研究。关于景观审美测量方法有美景度评价法（SBE 法）和比较评价法（LCJ 法）。前者是"以幻灯片为媒介进行逐个打分制表"的方法，后者是"两两比较或者按等级排列评级"进行评价[33]。这两种方法各有利弊，SBE 法可以计算大量的景观数据，但缺少相互比较，易出现评价结果两极分化的现象；比较评价法得出的评价结果更合理，但评价适用范围较小，只适用风景样本较少的情况。俞孔坚[34]组合这两种方法建立了 BIB-LCJ 审美测量方法，通过平衡不完全区组（BIB）设计表格，用重复实验的方法进行风景审美评判测量，建立美景度量表，并运用回归分析、差异性分析等实现风景视觉质量的评价。此外，在景观资源评价中还常利用现场调查对景观资源进行调查和分析，运用形式美学或者符号美学对风景进行定量描述，建立基于专家观点基础之上的定量描述评价体系，或者是通过设计问卷对公众进行访谈等方法。在实际操作中这些方法不是相互分离的技术叠加，而是需要根据实际评估目的和要求综合使用的技术链。

综合来看，国外相关研究起步较早，研究系统性强，量化研究方法多样，已经在乡村景观评价领域形成了较为成熟的理论方法体系，尤其是在乡村自然环境、农业生产、资源保护等方面有大量优秀成果，具有较强借鉴意义。但我国土地制度、管理方式、社会环境及村落文化背景等方面与国外乡村有较大差异，乡村景观评价原则和方法的制定，不能照抄照搬国外案例，只能依据我国乡村景观的实际情况和需求来制定。

2.2 3S 技术在乡村景观研究中的应用

2.2.1 遥感——景观数据收集的主要手段

RS 技术是指从高空或外层空间接收来自地球表层各类地物的电磁波信息，并通过对这些信息进行摄影、扫描、传输和处理，从而对地表各类地物和现象进行远距离探测和识别的现代综合技术，又称遥感技术。广义地讲，遥感是指通过任何不接触被观测物体的手段来获取信息的过程和方法，包括卫星影像（航天遥感）、空中摄像（航空遥感）、雷达以及用数字照相机或者普通照相机摄制的图像[35]。RS 技术的不断发展和广泛应用，引起了景观专业观念的更新和方法手段的变革。从经管信息模拟计量到景观分析、评价、规划及管理信息系统的建立，从国土区域景观资源普查到风景名胜区规划设计，从景观基础资料调查到分析评价，不论是理论研究还是工程实践，遥感技术都为现代景观规划方法技术提供了一个更为广阔的天地[36]。

景观数据是景观分析的基础，数据获取的方法主要有三种：①野外实地调研。②GPS工具的应用（目前该类产品开发程度较高，车载和手持设备已在生活中广泛应用，能够解决具体的景观定位、测量等任务，但移动设备的精确度有待考察）。③RS技术。不同尺度的景观调研方法千差万别，对于小尺度景观来说实地测量观察无疑是最直观准确的方法，但到中观和宏观尺度的景观层面，数据量庞大，单纯依靠人工实地测量几乎无法完成调研任务，且会面临高误差；而遥感技术基于卫星的数据获取方法，可以方便完成大数据的获取，同时突破了人工调研在时间甚至天气方面的限制，可以持续多时段监测研究区域的动态变化，为获取不同时序下景观的变化规律提供了坚实的数据支持，这已经成为景观科学研究中较为有效的实用工具[37]，通常被用于区域案例研究或探询土地利用变化的热点地区等。高分辨率遥感影像尤其是美国1 m全色和4 m多光谱伊科诺斯卫星（IKONOS）遥感影像的获得，为在更深层次上进行景观分析和监测提供了准确获取所需数据的源泉[38]。然而，从IKONOS影像上提取信息（如道路），影像的几何改正以及高分辨率多光谱IKONOS影像与相对低分辨率地球观测系统（SPOT）全色影像融和以提取信息等还在进一步研究之中。RS对土地覆盖、土地利用的研究已经达到了很精细的程度，对植被变化和作物估产的研究也趋于成熟[39]。其中景观动态以及生态系统管理方面的研究，包括土地利用在时空上的变化，植物动态（包括群落演替），景观对人为干扰和全球气候变化的反应[35]。

2.2.2　地理信息系统在乡村景观量化研究中的应用

GIS就是一个专门管理地理信息的计算机软件系统，它不但能分门别类、分级分层地去管理各种地理信息；而且还能将它们进行各种组合、分析、再组合、再分析等；还能查询、检索、修改、输出、更新等。GIS为研究景观结构和动态，尤其是物理、生物和各种人类活动过程相互之间的复杂关系，提供了一个极为有效的工具[35]。因此，GIS在景观规划与评价领域得到了广泛的应用，具体表现在以下几个方面（表2-4）：

（1）地理数据与GIS。从某种角度来说，GIS技术的发展和环境与景观规划设计领域的实践是相互促进的。菲利普·路易斯（Philip H. Lewis）早在20世纪50年代中期就提出了"环境廊道"概念。其核心是针对敏感区域的环境构成要素进行确认，并建立起一套图纸及资源目录档案，以便对那些区域实施必要的保护，使其免遭未来开发的不利影

表 2-4　适用于不同尺度要求的 GIS 应用

规划阶段	细部和空间尺度	场所和邻里尺度	社区和区域尺度
前期	地形模拟、地表水文和径流评估、土壤和工程地质评估、植被和用地现状评估、微气候和声环境评估	区域地形评估、地表水体和潜在径流分析、植被和用地多样性分析、场地微气候分析、视线景观分析	地形地貌评估、地表水文和流域关系评估、土壤和土地利用评估、植被和景观格局评估、生态系统结构和功能评估
中期	地形改造和土方评估、径流改造和雨水流向分析、植被和土壤改造分析、竖向和视线效果分析、景观用水水量分析	景观用地综合适宜性评估、景观水体需水量分析、植被和土壤修复需求、可利用能源潜力分析	景观用地适宜性评估、景观生态承载力分析、现存和潜在生态廊道分析、景观节点和功能区分析
后期	景观用地平衡表、材料用量估算、景观造价测算、景观方案坐标和索引配套	节点空间分布分析、景观线路联通性评估、景观总体效果模拟、景观承载力评估	景观用地变化评估、流域和水资源压力评估、整体景观效果和视觉分析、环境和生态系统压力评估

响。该理论中整个环境廊道由四个变量来定义：地表水、湿地、陡坡（12.5%）及其他（森林、野生动物栖息、联邦政府所辖区域公园、公 / 私保护地、冲积平原、草原等）。利用 GIS 分别建立水体层、湿地层和陡坡层，这三个主题层分别建立了用于创建环境廊道的基本对象要素图形。把三个主题层叠加到一起，重叠部分就构成了特征多样并且鲜明的线性环境廊道[40]。

（2）景观生态格局研究与 GIS。GIS 在景观生态学中的应用已经十分广泛。他的用途主要包括：分析景观空间格局及其变化；确定不同环境和生物学特性在空间上的相关性；确定斑块大小、形状、毗邻性和连接度；分析景观中能量、物质和生物流的方向和通量；景观变量的图像输出以及与模拟模型结合在一起的使用[35]。

（3）景观可视化与 GIS［三维 GIS（3DGIS）］。传统的 GIS 都是三维的，随着技术的提高，三维建模和 3DGIS 的迅速发展，当前的 3DGIS 主要变为以下形式：

① 数字高程模型（DEM）地形数据和地面正射影像纹理的叠加，以形成三维的虚拟地形景观模型。

此类 3D 数据能够较为直观地反映研究区域的高程变化，将复杂的"平面化""扁平化"信息以直观立体的形式展现给使用者，实用性较强，同时还可以基于 DEM 数据完成坡度、坡向及可视区域分析等任务，应用广泛。

② 在已知平面数据的基础上构建虚拟的三维场景，使场地重要因素立体化。此种数据模型在具体的景观规划设计中最为常用，可以较为

写实地反映场地要素之间的关系和细节，甚至可以增添纹理和色彩等；多基于计算机辅助制图（CAD）软件，效果较为逼真；目前类似的软件较多，但必须具备翔实的前期景观数据，因为它还是属于 2.5 维表面模型[41]。

2.2.3　全球定位系统在景观调研中的应用

GPS 源自美国，自 20 世纪 70 年代开始研制，目前已形成了全球化、全时段、全方位的导航系统，为使用者提供了强大的导航服务。直观来看，GPS 是由信号源、传输设备和接收设备三部分构成，由于卫星的介入使得该系统具有高准确性、高灵活性的特征。在景观设计和调研中应用广泛，能够为用户提供包括定位、导航、测距在内的多种高难度服务。具体操作中，GPS 技术对乡村景观评价研究有重要的意义，其用途可集中在以下几个方面：调研中对景观要素的定位、测距以及跟踪描绘；监测景观要素在不同时序下的变迁；完成大面积景观用地类型斑块的描绘和测算；监测动物活动行踪、生境图、植被图和其他资源图的制作，航空照片和卫星遥感图像的定位和地面校正，以及环境监测等方面任务[35]。

2.2.4　3S 集成系统在乡村景观评价中的应用

3S 技术在应用过程中不是独立起作用的，而是相互联系、取长补短、综合使用的。GIS、RS、GPS 三者的集成化即所谓的 3S 集成系统，是当前研究的热点。在 3S 集成系统中，RS 技术是获取空间信息的重要方式，提供研究范围的遥感图像信息；GPS 技术是空间信息定位的框架，提供研究范围内特征物的定位信息；GIS 技术是表达、集成和分析信息的先进手段，对 RS、GPS 以及其他来源的信息进行管理、分析处理和显示。因此，可以将 GIS 看作中枢神经，将 RS 看作传感器，将 GPS 看作定位器[42]。3S 集成系统为景观规划设计提供直接的数据服务，可以快速地追踪、观测、分析和模拟被观测对象的动态变化，并可高精度地定量描述这种变化。3S 集成系统作为一种综合有效的数据分析方法和手段，在乡村景观规划领域发挥着越来越重要的作用。

（1）GPS 用于乡村景观规划设计中的工程定位。利用 GPS 对采集的乡村景观信息进行空间定位，准确把握乡村景观变化区域的位置。同时 GPS 数据遥感信息也是一个必要的、有益的补充，可为 GIS 及时采集数据，更新和修正数据。

（2）RS 为乡村景观规划设计获取景观平面现状资料。利用 RS 获取乡村聚落、农田、道路、水系和植被等景观资源的数据，为乡村景观规划提供丰富的信息。通过遥感图像，掌握景观资源空间变异的大量时空变化信息，可分析乡村景观的形态特征、空间格局和动态变化等。

（3）GIS 为乡村景观规划设计存储、分析数据、方案决策和模拟。利用 GIS 建立乡村景观空间信息系统，包括自然条件（土壤、地形、地貌、水分等条件）、乡村聚落用地规模管理、农田土地管理、水系、道路和自然植被的空间分布等空间数据库，为乡村规划设计提供翔实的资料。①借助于 GIS 强大的空间分析功能，可进行乡村景观适应性评价、板块规划平衡分析、规划技术指标分析、规划廊道网分析和规划方案评价等专题分析。②运用 GIS 强大的管理和分析功能，计算乡村聚落和农田规模以及环境容量，进行有关乡村景观规划设计的各项技术经济指标和生态指标分析，辅助乡村景观规划设计。③基于 GIS 数据进行乡村景观可视化，辅助进行形象思维和空间造型，由此为规划设计做出正确的评价和筛选。④借助 GIS 实现乡村景观格局变化的动态监测和模拟分析，为分析乡村景观资源有效利用状况提供专业分析模型，并为乡村景观规划、建设和管理提供辅助决策支持。

2.3 国内外乡村景观研究的对比

（1）本章通过对相关概念的辨析和对相关理论的梳理研究，明确乡村景观评价的范围和内涵，为进一步的乡村景观评价体系建立提供理论指导。重点是对评价方法的梳理，通过广泛阅读景观评价的文献，对各种评价方法的类别、手段及运用方法形成较为全面的认识。

（2）乡村景观评价是结合尺度、可操作性以及合适方法的综合评价过程。模糊评价法、层次分析法、多因子线性加权函数法等都是常用的评价方法，研究理论体系较为成熟；针对评价指标的选择，应当参照乡村景观现状合理选择，目前常用的评价因子主要集中于生态、景观、经济三个角度，同时结合研究区域的现状条件、景观特征确立详细指标。

（3）乡村景观评价具有复杂性、综合性的特征，尤其在我国乡村景观类型多样、特色各异的背景下，各个区域的乡村景观特征存在较大差异，需要从不同自然条件和评价目的出发制定评价指标体系。国内目前对于乡村景观的评价已经设计诸多领域，涵盖了乡村功能、生态环境、旅游开发、美学评价等多个方面，为我国乡村景观规划和保护利用提供了坚实的理论前提。从评价手段来看，定量研究和定性研究都有成功的案例，总体朝着客观、准确方向发展，即使是早期景观评价常用的问卷法、专家打分法等研究方法，也在网络通讯的支持下，易于实现大量数据的采集，增加了数据可信度；而定量研究在 GIS 平台的支持下，能够实现不同尺度景观类型的用地类型、格局指数等数据的计算，大大提高了研究的精确性和可操作性，同时为场地信息采集提供了难以替代的技术支持。

（4）国外乡村景观评价研究发展起步较早，无论是评价技术还是理论体系都较为成熟，综合来看，研究成果多集中于农业生产、乡村景观特征等方面的评价，对应的是国土资源整理等大尺度景观的规划活动。对比来看，国内外乡村景观的基本情况差别较大，尤其在新农村建设、美丽乡村建设等社会背景下，我国乡村景观尤其是传统村落变化剧烈，干扰因素较多，迫切需要结合国内外优秀景观评价技术，制定出符合我国乡村景观基本情况的评价体系。

第 2 章参考文献

[1] Warren R B. The visual management system of forest service USDA [C]. [S.l.]: The National Conference on Applied Techniques for Analysis and Management of the Visual Resource,1979:660-665.

[2] William J C. The bureau of land management and cultural resource management in Oregon [D]. Portland: Portland State University,1979.

[3] Sally S, Carolyn A. Soil conservation service landscape resource management [C]. [S.l.]: The National Conference on Applied Techniques for Analysis and Management of the Visual Resource,1979:671-673.

[4] Sever A R, Mills P, Jones S E, et al. Methods of environmental impact assessment [M]. London: University Colledge London Press,1995:78-95.

[5] Gulinck H, Múgica M, Lucio J V D, et al. A framework for comparative landscape analysis and evaluation based on land cover data, with an application in the Madrid region (Spain)[J]. Landscape and Urban Planning, 2001,55(4):257-270.

[6] 许慧,王家骥. 景观生态学的理论与应用[M]. 北京:中国环境科学出版社,1993.

[7] Sung D G, Lim S H, Ko J W, et al. Scenic evaluation of landscape for urban design purpose using GIS and ANN [J]. Landscape and Urban Planning, 2001, 56 (1/2): 75-85.

[8] Juan J O, Erling A, et al. Agro-environmental schemes and the European agricultural landscape: The role of indicators as valuing tools for evolution [J]. Landscape Ecology, 2000, 15(6):271-280.

[9] Arriaza M, Canas-Ortega J E, Canas-Madueno J A, et al. Assessing the visual quality of rural landscapes [J]. Landscape and Urban Planning, 2004, 69(3):115-125.

[10] Laterra P, Orúe M E, Booman G C. Spatial complexity and ecosystem services in rural landscapes [J]. Agriculture, Ecosystems and Environment, 2012,56(4): 116-117.

[11] Roger S C. The landscape component approach to landscape evaluation [J]. Transactions of the Institute of British Geographers, 1975,66(11): 124-129.

[12] Louise W, Peter H V, Lars H, et al. Spatial characterization of landscape functions [J]. Landscape and Urban Planning, 2008, 75(2): 160-171.

[13] Howley P. Landscape aesthetics: Assessing the general publics' preference towards rural landscapes [J]. Ecological Economics, 2011, 72(1): 161-169.

[14] Iiyam A N, Kamada M, Nakagoshi N. Ecological and social evaluation of landscape in a rural area with terraced paddies in southwestern Japan[J]. Landscape and Urban

Planning,2005:60-71.

[15] 杨知洁.上海乡村聚落景观的调查分析与评价研究[D]:[硕士学位论文].上海:上海交通大学,2009.

[16] 刘黎明,李振鹏,张虹波.试论中国乡村景观的特点及乡村景观规划的目标和内容[J].生态环境,2004,13(3):445-448.

[17] 黄斌.闽南乡村景观规划研究——以漳州乡村为例[D]:[博士学位论文].福州:福建农林大学,2012.

[18] 刘滨谊,王云才.论中国乡村景观评价的理论基础与指标体系[J].中国园林,2002(5):76-79.

[19] 张扬汉,曹浩良,郑禄红.乡村景观设计方案评价与优化研究[J].沈阳农业大学学报(社会科学版),2012,14(3):360-364.

[20] 丁维,李正方,王长永,等.江苏省海门县农村生态环境评价方法[J].农村生态环境,1994,10(2):38-40.

[21] 喻建华,张露,高中贵,等.昆山市农业生态环境质量评价[J].中国人口资源与环境,2004,14(5):64-67.

[22] 王仰麟.景观生态分类的理论与方法[J].应用生态学报,1996(7):121-126.

[23] 谢花林.乡村景观功能评价[J].生态学报,2004,24(9):1988-1993.

[24] 吴巍,王红英.论新农村建设中的乡村景观规划[J].湖北农业科学,2011,50(14):2847-2850.

[25] 李向婷,龙岳林,宋建军.乡村景观评价研究进展[J].湖南林业科技,2008,35(1):64-67.

[26] 丰凤,廖小东.农村集体经济的功能研究[J].求索,2010(3):46-47.

[27] 刘滨谊,汪洁琼.基于生态分析的区域景观规划——主导生态因子修正分析法的研究与应用[J].风景园林,2007(1):82-87.

[28] 谢志晶,卞新民.基于AVC理论的乡村景观综合评价[J].江苏农业科学,2011,39(2):266-269.

[29] Anon. Review of Existing Method of Landscape Assessment and Evaluation [EB/OL].(2002-11-10). http://www.mluri.sari.ac.uk.

[30] 谢花林,刘黎明,徐为.乡村景观美感评价研究[J].经济地理,2003,23(3):423-426.

[31] 俞孔坚.景观敏感度与阀值评价研究[J].地理研究,1991,10(2):38-51.

[32] 俞孔坚.中国自然风景资源管理系统初探[J].中国园林,1987(3):33-37.

[33] 郁书君.自然风景环境评价方法——景观的认知、评判与审美[J].中国园林,1991(1):17-22,58.

[34] 俞孔坚.自然风景质量评价研究——BIB-LCJ审美评判测量法[J].北京林业大学学报,1988,10(2):1-11.

[35] 邬建国.景观生态学——格局、过程、尺度与等级[M].北京:高等教育出版社,2000:190,195,199,201,205.

[36] 刘滨谊.风景景观工程体系化[M].北京:中国建筑工业出版社,1990:123.

[37] 傅伯杰,陈利顶,马克明,等.景观生态学原理及应用[M].北京:科学出版社,2001:351.

[38] [美]约翰·莫里斯·迪克逊.城市空间与景观设计[M].王松涛,蒋家龙,译.北京:中国建筑工业出版社,2001.

[39] 牛少凤,韩刚,李爱贞.简述3S技术及其在景观生态学中的应用 [J].山东师范大学学报(自然科学版),2002,17(1):65-67.

[40] 宋立,王宏,余焕.GIS在国外环境及景观规划中的应用[J].中国园林,2002,18(6):56-59.

[41] 龚健雅.当代地理信息系统进展综述[J].测绘与空间地理信息,2004,27(1):5-11.

[42] 辛琨,赵广孺.3S技术在现代景观生态规划中的应用[J].海南师范大学学报(自然科学版),2002,15(3/4):73-75.

3 江南地区乡村景观研究述评

3.1 聚落空间

1）民居建筑特色研究

我国民居建筑研究始于 20 世纪 50 年代，然而 80 年代以前江南民居研究资料很少，可查的仅有中国建筑科学研究院于 60 年代编写的《浙江民居调查》[1]。20 世纪 80 年代以后，随着江南古镇的旅游开发，民居建筑的价值得以重新认识，研究的深度和广度逐渐提高。建筑学专业传统的"记录式"方法通常将乡村聚落分为建筑单体和村落两个层面进行研究：在分析村落自然条件和人文背景的基础上，以图纸的形式描述单体建筑的布局、结构、材料等要素，并展开说明建筑与庭院、街道、聚落的组合规律，探析江南聚落的发生机制以及整体风貌特征。此类研究立足于实地调研，研究周期较长，收集资料较全，对江南地区建筑基础资料收集工作做出了重要贡献。例如以丁俊清、楼庆西以及中国建筑科学研究院等为代表的学术团队分别对浙江民居进行了系统研究；徐民苏等立足苏州自然条件和人文背景，对苏州民居发生机制、分布特征、组织规律、装饰特色等方面进行研究[2]；李秋香等[3]选点剖析了浙江地区的典型古村落的结构布局等特征；丁俊清[4]以民居建筑构成元素为对象，阐述了江南民居的类型、布局以及村落风貌特征。木结构技术是江南传统建筑的重要特征之一：赵琳等[5-6]以宋元时期的江南建筑殿堂构架形式为对象，从结构角度分析了江南建筑的技术特征和地域特色，得出梁架结构形制是江南建筑本质特征的结论；马峰燕[7]探讨了明中后期至清末民初江南地区传统木构建筑技术的理论化问题。马全宝[8]对比研究了江南地区传统香山帮与婺州、徽派木构架营造做法的异同，包括木构件加工工艺、结合工艺、装饰细部等内容。同时，学科间的融合使江南民居特征的研究更加多元化，逐步从物质空间研究扩展至模拟建模、生态技术、社会民俗、区系类型等多种角度，技术手段也日益丰富。茹黎明[9]探讨了江南民居建筑场景的计算机快速建模系统；史争光[10]整理了江南传统民居建筑的生态技术应用；钱雅妮[11]以同里古镇为例剖析了传统建筑在家庭、社会、自然三方面的伦理功能；鲍莉[12]分析了江南传统建筑对当地气候的适应性；而王建华[13]则在研究江南地区微气候分类的基础上探讨了民居建筑对不同气候的应变策略。2007 年中国文化遗产保护无锡论坛，汇集了一大批学者专家，其中不少研究针对江南地区乡土建筑的保护工作进行了探讨[14]。民居分类研究对于探究江南民居的形成和具体特征具有重要意义，研究者多以建筑外观和地域文化为划分标准，如余英[15]以东南地区传统社会民俗为角度的"东南建筑区系类型"研究；雍振华[16]根据江苏境内不同地域的建筑形象而提出的"江南民居"概念；王建国等[17]根据江苏各地的建筑文化成因，划分出了包括"苏锡常环太湖文化圈"在内的五大建筑文化圈。

　　2）聚落形态与结构研究

　　聚落形态与结构直接反映出聚落发展过程中的各种关联性要素，江南水乡聚落形态深受地域自然条件的影响。河流是把握水乡聚落形态特征的主要线索[18]，既控制着村落的总体布局，又承担着重要的交通功能，各式各样的沿河街巷成为聚落的空间骨架（图 3-1、图 3-2）。阮仪三等[19]学者早在 20 世纪 90 年代，就在江南古镇的保护实践基础上，总结出了"因水成街，因水成市，因水成镇"的聚落特征。王颖[20]认为水体、民居、街道之间的组织关系是传统水乡的"原型"，空间组合要素的"流动性"和"连续性"是其最明显的结构特征。倪剑[21]从类型学的角度对江南传统聚落形态进行了分类解析，认为河道的尺度决定了街道的空间属性。黄耀志等[22]认为水网既是区域生态环境构成要素中的主导因素，

图 3-1　江南水乡建筑与河流的空间关系

图 3-2　杭州西溪湿地不同尺度的沿河聚落景观

又是影响空间格局发展的重要因素；水乡环境中的水陆网络共生格局互为图底关系。赖凌瑶等[23]以常熟李市为例，从格局形态和使用功能角度对江南水网体系特征进行了分析。段进等[24]基于拓扑理论的"群、序、拓扑"三种原型来解析太湖地区的古镇空间形态，是数学模型在实体空间中的应用。而合院式的建筑组合，严格遵从礼制的约束。季松[25]分析了江南古镇的街坊空间结构，提出了"灰瓦白墙、小桥流水""因水成市、枕河而居"的空间特色。

计算机技术的发展和地理信息系统的应用为定量研究聚落形态提供了技术支持。浦欣成等[26]利用计算机编程软件构建出表达聚落可视空间系统的"建筑节点网络图"模型，对村落平面形态的方向性序量进行了定量研究。朱炜[27]以地理学的视角，通过对乡村地理条件尤其是地形地貌特征的分析与梳理，分析了自然环境与乡村聚落之间互动发展的机制。马晓冬等[28]以 GIS 技术为基础，定量分析了江苏省乡村聚落形态的空间分异特征，认为江南地区聚落具有规模小、聚落密度和破碎化程度均相对较高的特点。吴江国等[29]利用 GIS 数据处理平台，定量对比分析了苏南地区与皖北地区聚落体系的分形特征。

3）聚落变迁研究

江南地区是我国经济最为活跃的地区之一，自 20 世纪 80 年代改革开放开始，乡镇企业迅速发展，使该地区的社会结构、产业结构及经济体制发生了巨大变化，尤其以苏南地区最为突出，聚落变迁呈现出独特的一面（图 3-3）。早期聚落变迁研究多致力于探讨聚落景观中物质要素的变迁特征，张小林[30]以乡村社会经济变迁中的空间演变为重点，从空间结构、关系、过程及动力机制等方面对苏南乡村空间系统的演变特征进行了实证研究。俞靖芝等[31]认为苏南乡村聚落经历了"自然性—人文性—工业化"三个阶段的历史变迁，形成了"城市现代气息与农村乡土气息并存"的变迁趋势。进入 21 世纪，研究角度出现较大拓展，开始关注聚落变迁中人类活动的特征以及聚落变迁的动力机制、优化策略

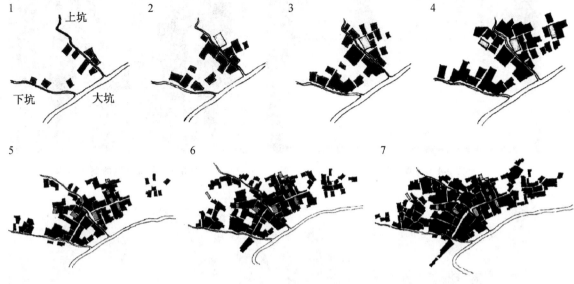

图 3-3　瞻淇村的聚落发展简图

等方面。周心琴[32]分析了苏南乡村聚落景观格局,提出了乡村性不断减弱、景观格局区域差异不断扩大、经济景观变化快的总体特征。郭大力[33]以农村城市化为背景,从社会生活、物质空间、文化素质等层面对苏南地区农民居住与生活的变迁情况进行了调查。李立[34]对不同时期江南地区乡村聚落形态及其空间结构特征做了较为详尽的研究,从历史角度阐述了经济发展和聚落演变的关联。林涛[35]探析了浙北乡村集聚化进程中聚落空间演进的动力特征和空间要素,总结了乡村集聚的价值观、空间作用系统以及优化模式。

3.2　旅游资源

(1)旅游资源特色分析。乡村聚落景观体系包括建筑空间、经济空间、社会空间和文化空间,各个组成部分相互联系、相互渗透,具有不同的旅游价值[36]。江南乡村聚落具有较高的社会学、经济学、历史学、古建筑学等方面的研究价值[37],不仅在中国文化史和经济史上具有重要的地位,同时其"小桥、流水、人家"的城镇格局和建筑艺术形成了独特的江南水乡文化现象[38]。江南古镇的旅游开发起步于20世纪80年代,依托江南地区发达的交通、繁荣的经济,迅速发展成为颇具特色的旅游项目(图3-4至图3-6)。近年来,对旅游者"主观意象"的分析成为江南古镇旅游资源研究的新思路。蒋志杰等[39]提出江南水乡古镇旅游地意象空间以干道和桥梁构成的"环状"为特征。周永博等[40]以功能属性、时间属性和空间属性对江南古镇旅游景观意象进行了划分。另外,在乡村旅游方面,邹松梅等[41]从旅游地学角度对太湖的东山与西

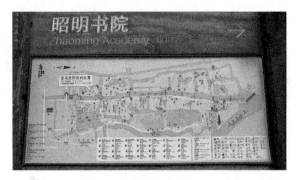

图 3-4　乌镇景区导览图　　　　　　　　　图 3-5　乌镇街道的商业氛围

图 3-6　苏州园林的旅游者

山景区的自然景观特征进行了叙述，并根据各景点的组合特征进行了景区划分。何芸等[42]以苏州太湖国家旅游度假区古村落为例，探索将SWOT（态势分析）量化分析方法应用于古村落旅游可持续发展的战略研究中。

（2）可持续旅游开发模式探讨。旅游业的繁荣发展为古镇带来了巨大的经济效益，但早期古镇旅游业在经济利益的驱动下，把发展旅游当作古镇保护的主要目的和动力，对于原住民的生活质量却没有积极改善。旅游开发涉及经济转型、遗产保护、生态平衡等多方面关系，将古镇环境视为一个整体系统，探求综合性的保护模式是必然的选择。在梳理江南古镇旅游开发过程中出现的过度商业化、空心化、异质化等现象的基础上，熊侠仙等[43]总结了古镇旅游开发的过度商业化以及旅游与居民生活、遗产保护之间的矛盾等问题，提出"推陈出新"的对策；王云才等[38]考察了江南六镇（周庄、同里、角直、乌镇、南浔、西塘）的旅游发展模式以及当前突出的旅游项目商业化、文化内涵空心化及生态功能退化等问题，提出了建立整体人文生态系统保护体系的策略；阮仪三等[44-45]以周庄为例，分析了2000年以来古镇旅游业发展带来的空间形式杂乱、景观特色消失等问题，认为古镇应转向基本服务功能完善的活力型城镇；类似的研究还有顾金林、李苏宁等学者的成果[46-47]。

3.3 景观格局

（1）乡村聚落景观格局分析。乡村景观生态系统是由村落、林草、农田、水体和道路等组成的自然—经济—社会复合生态系统[48]。近年来，研究者利用景观生态学的"斑块—廊道—基质"理论体系，对江南地区乡村聚落景观结构和格局特征进行总结。例如王云才等[49]认为江南水乡景观结构以农耕水田为基质，道路、河流和灌溉渠道为廊道，呈现出水田、水塘和居住点的镶嵌特征。景观基质、斑块、廊道分化明显，具有较高的均匀性；斑块类型单一，但具有高度碎化特征[50]。丁金华[51]认为江南乡村水网格局具有典型的生态交错带特征，由人工陆地环境与水域构成的江南乡村水网创造了大片水陆交界边缘，在这种生态结构中，河道发挥着重要的生态廊道功能。

（2）景观生态规划研究。在分析景观格局对生态过程影响的基础上，探求符合生态安全的规划模式成为研究的重点。秦卫永[52]以杭嘉湖地区水乡城镇为对象，对水乡城镇景观特征评价和空间设计方法进行了探讨。车生泉等[53]从乡村景观意象、乡村景观类型和空间关系进行调查分析，将上海乡村景观元素分解为廊道景观、边缘景观和节点景观三种类型，并以此为基础对乡村景观元素的优化设计模式进行了研究。徐敏等[54]在对江南六大古镇实地考察和调研的基础上，提出了江南水乡古镇景观生态优化的构建思路。陈涵子等[55]分析了江南水乡景观物质生产功能、生态服务功能、文化传承功能，提出了构建景观生态安全格局的策略。丁金华[56]从生态规划的角度，对江南乡村景观环境更新的生态化策略进行了研究与探讨（图3-7）。

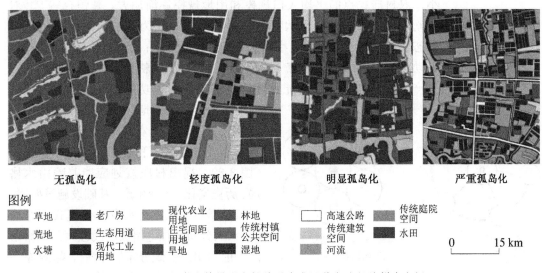

图 3-7　江南古镇景观空间的孤岛化评价与分级的样本空间

3.4　聚落文化景观

文化景观是地球表面文化现象的复合体，它反映一个地区的地理特征和人类作用于自然的各种现象[57]。江南文化具有柔性刚性并存、崇尚文教、开放包容异域文化及浓厚的宗教性内涵等鲜明特征[58]。受人文地理学科发展的推动，自20世纪90年代开始就有学者将地域文化、社会生活、文化基因等与聚落空间形态结合起来研究，从文化景观角度分析江南乡村聚落特征。例如阮仪三[59]认为江南古镇受到正统中原文化和"温和秀美"的吴文化的共同影响，其聚落景观体现出宗法礼制思想和文人文化的结合。姜爱萍[60]将苏南乡村社会生活空间按照商品流通过程划分为五种空间类型，通过对各种生活空间特点的总结，分析苏南乡村社会生活空间形成的机制。刘沛林[61]运用传统聚落的文化特征及其标识划分我国传统聚落景观的文化区划，从文化景观基因的角度解释江南景观特色，具有开创性研究意义。姚志琳[62]认为江南乡村聚落受传统"地缘"和"血缘"两大因素影响，其形态具有对外封闭性、对内向心性的特征。张楠[63]将聚落形态视为社会结构的表征，从"社会—空间"角度来完整认识传统聚落形态。乌再荣[64]探讨了吴文化"基因"与苏州古代城市空间的内在联系，阐述了空间是文化外在表现的观点。

3.5　人居环境

针对江南地区乡村聚落的人居环境研究涉及居民点分布及形态特征、居住模式、文化理念等方面。薛力[65]从江苏各地区农村居民点的密度和规模分析，得出在由南向北的空间过程中，农村居民点的密度逐渐变小，农村居民点的平均人口规模和用地规模逐渐加大。曹恒德等[66]对苏南地区农村居民点现状特征进行了总结，认为其农村居民点用地及形态有"高度分散、规模小、边界模糊"的特点；同时随着经济的发展，劳动力产业转移并没有带动人口的空间转移；耕地迅速减少，农居点生产（农业和工业）功能在逐渐减弱，而居住功能在逐渐增强。陈志文等[67]针对江南地区传统居住模式进行归类研究，将江南农村居住空间结构总结为宗族式、松散式和紧密式三种典型模式（图3-8），提出村庄规划应能兼顾山水格局、历史文化、农业生产、基础设施等要素。王云才等[50]将江南水乡居住模式总结为"沿水系分布的住宅组成的线性聚落—聚落两侧的农田—交织分布的鱼塘"。陈翀等[68]认为江南地区传统人居更趋于人性的、自

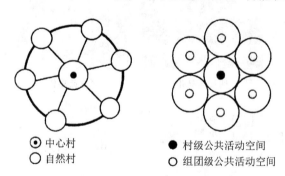

◉ 中心村　　● 村级公共活动空间
○ 自然村　　○ 组团级公共活动空间

图3-8　松散式自然组团和紧密式生产组团结构示意图

然的原则，强调人与自然的和谐相处，是符合地理环境、人文景观、文化氛围的理想人居环境。王灵芝[69]认为受江南历史上社会人文经济的影响，该地区村落充分体现了"天人合一"的传统观念，符合人与自然和谐的人居理念。

3.6 聚落景观特色保护

（1）江南水乡古镇的保护。我国从 20 世纪 80 年代初开展对江南古镇的保护实践工作，产生了大量针对古镇旅游开发而进行的保护性规划研究成果。1986 年同济大学编制的《周庄总体及保护规划》中提出了"十六字方针"[44]。李湉等[70]提出应注重保护古镇的"历史情境"。张琴[71]对江南水乡古镇保护实践进行了总结和反思，认为社会结构变革产生的利益分化已成为当前江南水乡城镇社会发展中最显著的特征。李昕[72]将古镇区视为一种具有复合属性的特殊资源，从古镇区特殊的产权属性入手，探讨了各社会群体在我国社会经济转型期特定格局下的博弈行为与古镇保护制度变迁之间的内在关系。

（2）江南乡村景观的保护。对比江南古镇的保护研究，江南乡村景观研究起步较晚。近年来，江南地区农村社会经济结构急剧变化，拯救历史文化遗产，实现传统聚落的可持续发展，已成为多数国家广泛关注的问题。美丽乡村建设、农村生态环境建设等逐步成为研究的核心对象。黄杉等[73]对比总结了国内外乡村发展的动力机制分析框架，包括产业体系、基础设施、生态环境和地方文化，提出了浙江省美丽乡村的发展动力机制框架模型。丁金华[56]在分析江南乡村水网生态问题的基础上，提出了乡村景观更新的生态化建设策略。张亚楠等[74]分析了苏南农村廊道景观的类型和作用，指出道路和河道是其主要形式，建议农村廊道的绿化建设应符合生态要求和传统文化氛围。章广明[75]以苏南丘陵地区乡村景观为研究对象，提出了兼顾农业生产、生态、文化和美学的利用方式。

3.7 总结与展望

2000 年以来，江南地区乡村聚落景观特色研究发展迅速，既有对传统手段的补充完善，又有大量新理论、技术的交叉应用，总体向个性化、专业化、定量化的方向发展。具体有以下特征：

（1）交叉学科的应用。聚落空间特色、人居环境特色等研究既承袭了传统建筑学的研究手段，又体现出学科交叉的特色，如人文地理学、景观生态学的应用。

（2）新理论的提出。在聚落文化景观研究中"文化基因"理论，以及旅游资源特色研究中"景观意象"理论的提出，为景观特色研究提供了新思路。

（3）研究方向的转变。传统聚落景观特色研究偏重于物质环境层面特色的研究，而近年来受人文地理学的影响，研究对象逐渐转向探讨社会生活、经济结构以及文化意识与聚落的关系。

（4）定量研究的发展。景观生态学的介入和 GIS 数据平台的应用为聚落景观变迁、景观格局指数等定量研究提供了有力的技术支持。

（5）理论与实践结合。聚落文化景观、旅游资源以及聚落景观保护研究偏重解决古镇旅游开发产生的相关问题和矛盾。

在学术研究不断发展的同时，江南地区乡村聚落景观特色研究仍存在诸多突出问题，未来应加强以下方面的研究：

（1）加强学科体系的整合。江南乡村聚落景观特色具有多维性，在当前我国城镇化的时代背景下，具有空前的复杂性和矛盾性，单一学科解决问题的能力越来越有限，因此未来的研究应继续加强学科间的交流和融合。

（2）强化景观分类研究。景观分类研究是研究景观格局、景观变迁以及景观评价的前提，对定量化、动态化研究具有重要意义。从文献资料来看，这一领域的研究较少。

（3）提高对普通乡村的关注度。当前研究热点仍局限在极端问题的研究，例如江南古镇旅游开发、遗产保护等方面，相对处于时代变革期的广大乡村区域，这些研究的指导意义显然不够。

（4）关注乡村生产功能。目前研究多集中在聚落的物质空间领域，对农业生产过程呈现近乎空白的状态，江南地区乡村聚落的生产空间是其景观特色形成的重要影响因素，不可或缺。

（5）注重城乡一体化研究。江南地区的特殊性在于所处区域经济的活跃性，因此探讨乡村问题不能缺少与城市的互动机制。

第 3 章参考文献

［1］ 陆元鼎.中国民居研究五十年[J].建筑学报,2007(11):66-69.

［2］ 徐民苏,詹永伟,梁支厦,等.苏州民居[M].北京:中国建筑工业出版社,1991.

［3］ 李秋香,罗德胤,陈志华,等.浙江民居[M].北京:清华大学出版社,2010.

［4］ 丁俊清.江南民居[M].上海:上海交通大学出版社,2008.

［5］ 赵琳.江南小殿构架地域特征初探[J].华中建筑,2002,20(4):86-88.

［6］ 张十庆.江南殿堂间架形制的地域特色[J].建筑史,2003(2):47-62.

［7］ 马峰燕.江南传统建筑技术的理论化(1520—1920)[D]:[硕士学位论文].苏州:苏州大学,2007.

［8］ 马全宝.江南木构架营造技艺比较研究[D]:[博士学位论文].北京:中国艺术研究院,2013.

［9］ 茹黎明.江南民居快速生成方法的研究[D]:[硕士学位论文].杭州:浙江大学,2003.

［10］ 史争光.江南传统民居生态技术初探[D]:[硕士学位论文].无锡:江南大学,

2004.

[11] 钱雅妮.浅析传统建筑的伦理功能——从同里古镇看起[J].华中建筑,2005,23(4):156-159.

[12] 鲍莉.适应气候的江南传统建筑营造策略初探——以苏州同里古镇为例[J].建筑师,2008(2):5-12.

[13] 王建华.基于气候条件的江南传统民居应变研究[D].[博士学位论文].杭州:浙江大学,2008.

[14] 国家文物局文保司,无锡市文化遗产局.中国文化遗产保护无锡论:乡土建筑保护论坛文集[M].南京:凤凰出版社,2008.

[15] 余英.中国东南系建筑区系类型研究[M].北京:中国建筑工业出版社,2001.

[16] 雍振华.江苏民居[M].北京:中国建筑工业出版社,2009.

[17] 王建国,顾小平,龚恺,等.江苏建筑文化特质及其提升策略[J].建筑学报,2012(1):103-106.

[18] 阮仪三,李浈,林林.江南古镇历史建筑与历史环境的保护[M].上海:上海人民美术出版社,2010.

[19] 阮仪三,邵甬.江南水乡古镇的特色与保护[J].同济大学学报(社会科学版),1996(1):21-28.

[20] 王颖.传统水乡城镇结构形态特征及原型要素的回归——以上海市郊区小城镇的建设为例[J].城市规划学刊,2000(1):52-57.

[21] 倪剑.江南水空间的形态与类型分析[J].浙江建筑,2003(2):1-3.

[22] 黄耀志,李清宇.江南水网小城镇空间格局的生态化发展研究[J].规划师,2011,27(11):112-116.

[23] 赖凌瑶,阳建强.江南古村落居民生活与水体变迁的思考——以常熟古里李市历史文化街区为例[J].小城镇建设,2007(1):38-42.

[24] 段进,季松,王海宁.城镇空间解析:太湖流域古镇空间结构与形态[M].北京:中国建筑工业出版社,2002.

[25] 季松.江南古镇的街坊空间结构解析[J].规划师,2008,24(4):75-78.

[26] 浦欣成,王竹,高林,等.乡村聚落平面形态的方向性序量研究[J].建筑学报,2004(12):111-115.

[27] 朱炜.基于地理学视角的浙北乡村聚落空间研究[D].[博士学位论文].杭州:浙江大学,2009.

[28] 马晓冬,李全林,沈一.江苏省乡村聚落的形态分异及地域类型[J].地理学报,2012,67(4):516-525.

[29] 吴江国,张小林,冀亚哲.苏南和皖北平原地区乡村聚落分形特征对比分析——以镇江丹阳市和宿州埇桥区为例[J].长江流域资源与环境,2014,23(2):161-169.

[30] 张小林.乡村空间系统及其演变研究(以苏南为例)[M].南京:南京师范大学出版社,1999.

[31] 俞靖芝,张莹,吴立忠.苏南小城镇环境景观的再创造[J].城市研究,1999(2):17-21.

[32] 周心琴.城市化进程中乡村景观变迁研究[D].[博士学位论文].南京:南京师范大学,2006.

[33] 郭大力.快速城市化地区农民的居住与生活——对苏南农民居住生活变迁的调查[J].北京建筑工程学院学报,2006,22(1):48-51.

[34] 李立.乡村聚落:形态、类型与演变——以江南地区为例[M].南京:东南大学出版社,2007.

[35] 林涛.浙北乡村集聚化及其聚落空间演进模式研究[D]:[博士学位论文].杭州:浙江大学,2012.

[36] 张京祥,张小林,张伟.试论乡村聚落体系的规划组织[J].人文地理,2002,17(1):85-88,96.

[37] 王莉,陆林,童世荣.江南水乡古镇旅游开发战略初探——浙江乌镇实证分析[J].长江流域资源与环境,2003,12(6):529-534.

[38] 王云才.江南六镇旅游发展模式的比较及持续利用对策[J].华中师范大学学报(自然科学版),2006,40(1):104-109.

[39] 蒋志杰,吴国清,白光润.城市意象空间分析在旅游地研究中的应用——以江南水乡古镇为例[J].中山大学学报(自然科学版),2003,42(S2):248-253.

[40] 周永博,沙润,杨燕,等.旅游景观意象评价——周庄与乌镇的比较研究[J].地理研究,2011,30(2):359-371.

[41] 邹松梅,聂新坤.江苏太湖东山与西山旅游地学资源初步研究[J].江苏地质,2002,26(1):26-31.

[42] 何芸,吴长年,黄戟,等.SWOT量化分析古村落旅游可持续发展战略[J].四川环境,2009,28(6):127-131.

[43] 熊侠仙,张松,周俭.江南古镇旅游开发的问题与对策——对周庄、同里、角直旅游状况的调查分析[J].城市规划汇刊,2002(6):61-63.

[44] 阮仪三,袁菲.江南水乡古镇的保护与合理发展[J].城市规划学刊,2008(5):52-59.

[45] 阮仪三,袁菲.再论江南水乡古镇的保护与合理发展[J].城市规划学刊,2011(5):95-101.

[46] 顾金林.江南水乡古镇文化旅游资源开发分析[J].北方经济,2009(7):83-85.

[47] 李苏宁.江南古镇保护与开发的博弈思考[J].小城镇建设,2007(3):73-76.

[48] 谢花林,刘黎明.乡村景观评价研究进展及其指标体系初探[J].生态学杂志,2003,22(6):97-101.

[49] 王云才,陈田,郭焕成.江南水乡区域景观体系特征与整体保护机制[J].长江流域资源与环境,2006,15(6):708-712.

[50] 王云才,韩丽莹,王春平.群落生态设计[M].北京:中国建筑工业出版社,2009:8,99-100.

[51] 丁金华.城乡一体化进程中的江南乡村水网生态格局优化初探[J].生态经济,2011(9):181-184.

[52] 秦卫永.水乡城镇景观结构机理分析和空间设计研究[D]:[硕士学位论文].杭州:浙江大学,2004.

[53] 车生泉,杨知洁,倪静雪.上海乡村景观模式调查和景观元素设计模式研究[J].中国园林,2008(8):21-27.

[54] 徐敏,姜卫兵.江南水乡古镇水域空间的景观生态研究——以江南六大古镇为例[J].山东林业科技,2010(1):51-53.

[55] 陈涵子,严志刚.城市化进程中江南乡村水体景观生态安全格局的思考[J].安徽农学通报,2010,16(17):146-149.

[56] 丁金华.江南乡村景观环境更新的生态化策略[J].江苏农业科学,2012,40(3):335-337.

[57] 刘之浩,金其铭.试论乡村文化景观的类型及其演化[J].南京师范大学学报(自然科学版),1999,22(4):120-123.

[58] 景遐东.江南文化传统的形成及其主要特征[J].浙江师范大学学报(社会科学版),2006,31(4):13-19.

[59]　阮仪三.江南古镇[M].上海:上海画报出版社,1998:27.

[60]　姜爱萍.苏南乡村社会生活空间特点及机制分析[J].人文地理,2003,18(6):11-15.

[61]　刘沛林.古村落文化景观的基因表达与景观识别[J].衡阳师范学院学报,2003(4): 1-8.

[62]　姚志琳.村落透视——江南村落空间形态构成浅析[J].建筑师,2005(3):48-55.

[63]　张楠.作为社会结构表征的中国传统聚落形态研究[D].[博士学位论文].天津: 天津大学,2010.

[64]　乌再荣.基于"文化基因"视角的苏州古代城市空间研究[D].[博士学位论文].南 京:南京大学,2009.

[65]　薛力,吴明伟.江苏省乡村人聚环境建设的空间分异及其对策探讨[J].城市规划 汇刊,2001(1):41-45.

[66]　曹恒德,王勇,李广斌.苏南地区农村居住发展及其模式探讨[J].规划师,2007,23 (2):18-21.

[67]　陈志文,李惠娟.中国江南农村居住空间结构模式分析[J].农业现代化研究, 2007,28(1):15-19.

[68]　陈翀,阳建强.古代江南城镇人居营造的意与匠[J].城市规划,2003,27(10):53-57.

[69]　王灵芝.江南地区传统村落居住环境中诗性化景观营造研究[D].[硕士学位论 文].杭州:浙江大学,2006.

[70]　李渺,雷冬霞,瞿洁莹.历史情境的传承与再现——朱家角古镇保护探讨[J].规划 师,2007,23(3):54-58.

[71]　张琴.江南水乡城镇保护实践的反思[J].城市规划学刊,2006(2):67-70.

[72]　李昕.转型期江南古镇保护制度变迁研究[D].[博士学位论文].上海:同济大学, 2006.

[73]　黄杉,武前波,潘聪林.国外乡村发展经验与浙江省"美丽乡村"建设探析[J].华中 建筑,2013(5):144-149.

[74]　张亚楠,刘勤,胡安永,等.苏南农村廊道绿化景观研究[J].江苏农业科学,2013, 41(4):183-185.

[75]　章广明.苏南丘陵地区乡村景观特色与保护利用研究[J].安徽农业科学,2008, 36(8):3329-3330.

4 江南地区乡村景观的形成与演进研究

4.1 江南范围的界定

"江南"只是一个表示特定地理方位的名词，并没有明确的地理区划范围（图 4-1），故在不同的历史时期，江南的内涵和外延都会有所不同[1]。其概念的广义性主要包括两点：其一，概念内涵的多元化；其二，所指历史地理范围的不确定性。徐茂明[2]认为江南地理范围的内涵应包括自然地理、行政地理、经济地理、文化地理四个方面。"江南"这一名称已由单纯的地理概念演化为包含地理、经济、文化等多种内涵的专指性概念[3]。黄爱梅[4]等通过考证秦汉时期文献资料，认为不同历史时期"江南"的地理范围存在相当的伸缩性，且早在汉代时期就开始从地理概念向经济区和文化区概念转化。贺宏岐[5]考察《史记·货殖列传》中的"江南"，认为其有广狭二义：狭义指长江以南、岭南以北，广义泛指淮河以南地区。

纵向来看，可以根据历史演进次序，将其地理范围的相关研究整理出一条清晰的脉络。徐茂明[2]引用沈学民《江南考说》的观点，提出"江南"始见于春秋时期，时指楚国郢都（今江陵）对岸的东南地段，范围极小。黄今言[6]教授认为秦汉时期的江南"通常是泛指岭南以北，长江流域

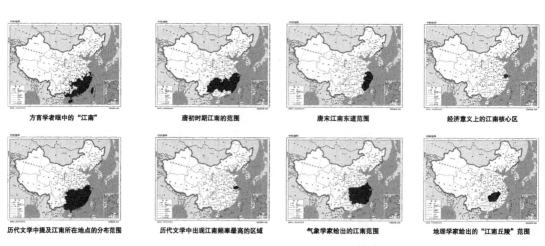

方言学者眼中的"江南"　　唐初时期江南的范围　　唐末江南东道范围　　经济意义上的江南核心区

历代文学中提及江南所在地点的分布范围　　历代文学中出现江南频率最高的区域　　气象学家给出的江南范围　　地理学家给出的"江南丘陵"范围

图 4-1 基于不同研究角度的"江南"范围差异

注：地图审图号为 GS（2019）1832 号。

及其以南的广大地区"。持同样观点的还有周瑂等[7]。而周振鹤[8]认为"秦汉时期，江南主要指长江中游以南的地区，即今湖北南部和湖南全部，南达南岭一线。这个范围就是古代所谓的荆州、扬州的长江以南地区，大致相当于今天的湖南、江西、浙江、福建和上海全省（市）和湖北、江苏、安徽三省南部的部分地区"[9]。张燕飞[10]认为汉代的江南即"长江以南的东南地区，包括会稽郡、丹阳郡、豫章郡，即现在的苏南、皖南、浙江、江西和福建"。而在三国两晋南北朝时期"江南"指代的范围发生了较大改变，尤其魏晋南北朝时，自孙权建立东吴政权开始，东晋、宋、齐、梁、陈等朝廷皆以长江中下游的建康（今南京）定都，因为长江水道自芜湖至南京段开始由东西走向转为南北走向，长江的两岸由"南北两岸"改称"东西两岸"，"江之东即为江南矣"[11]，该区域越来越多地被称为"江东"或者"江左"。东吴以来政治重心的变化带来了区域经济和文化的大发展，尤其是东晋南北朝时期，该地区一直是各政权的经济文化中心。对比来看"江南"所指的范围日渐明确，总体上呈现由西向东转移的特征，成为一个意有所属的特指概念[2]。唐贞观年间设立"江南道"，辖区大致为长江中游和下游至岭南地区；唐高宗永徽初年（650年）分为"江南东道""江南西道"以及"黔中道"，"江南东道"为长江三角洲及其以南至岭南的沿海区域，即今江苏南部、上海、浙江和福建地区[12]。此后虽数次变更，但大致维持这一区划。宋时改设江南路。宋朝时也设"江南道"，但此时的江南道管辖范围较小，被包括于唐时的江南道之中。宋朝时江南道范围大致为"今江西省全境，安徽省长江以南地区，江苏省长江以南，镇江—大茅山—长荡湖一线以西，以及湖北省东南一角"[13]。明清时期，"江南"的范围被限定在更具体的区域，并对今天影响较大，例如冯贤亮[14]在《学术月刊》2008年第1期发表《史料与史学：明清江南研究的几个面向》中指出，明清时代人们心目中的江南，应当是以苏州为中心的太湖平原地区；罗时进[15]对江南的定位限于环太湖地区；洪焕椿等[16]认为江南主要是指"长江三角洲地区，在明清时期即为苏、松、常、镇、杭、嘉、湖七府地区，是以太湖流域为中心的三角地区"。

横向来看，研究者多从不同的专业领域划分出相应的地理范围，即属于专指性范围界定。例如徐茂明[2]、李伯重、刘石吉、朱逸宁、王云才等学者的界定。林志方[17]在《江南地区夏商文化断层及其原因考》中的江南地区一词"指长江下游的江南地区"。刘石吉[18]在《明清时代江南市镇研究》中指出，江南是指"长江以南属于江苏省的江宁、镇江、常州、苏州、松江和太仓直隶州，以及浙江的杭州、嘉兴、湖州三府地区"。李伯重[1]提出按照相同地理条件和社会经济的条件来划分，其合理范围应是今苏南浙北，即明清的苏、松、常、镇、宁、杭、嘉、湖八府以及由苏州府划出的仓州，这一界定在学术界的影响较大。从成熟文化形态的视角出发，江南地区主要是明清时期的"八府一州"[19]。朱逸宁[20]认为"江南"实际上是一个文化概念，并提出诸多文化意象，例如"皖南

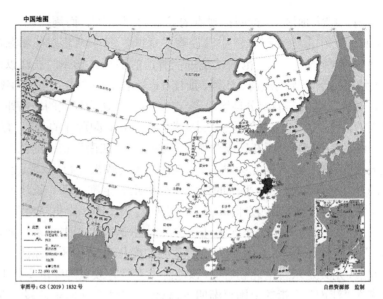

中国地图

审图号：GS（2019）1832 号　　　　　　　　　　自然资源部　监制

图 4-2　本书对"江南"范围的界定

注：地图审图号为 GS（2019）1832 号。

古朴的民居、扬州别具一格的文人画，抑或是杭州的烟柳画桥，苏州的水乡园林"，认为这些文化意象都应是江南独特文化气质的外化。庄华峰[21]从江南地区"圩田（又称围田）"的土地利用形式划定，将其范围界定为"江苏西南部、安徽南部和浙江西北部"。严耀中[22]认为历史上所说的江南大体上范围指长江中下游或长江下游。对江南景观特色的研究，学者多采用刘石吉和李伯重的观点，即将江南的范围限定于"苏南浙北"这一概念。例如王云才等[23]从江南水乡景观特征角度研究，认为江南的范围应限定在"江苏省南部和浙江省北部一带，即通常所说的苏（苏州）、嘉（嘉兴）、湖（湖州）地区"。

基于相似的自然条件、经济状况和人文环境，本书选取江苏南部、浙江北部作为研究区域，具体包括苏州、无锡、常州、嘉兴、湖州、杭州市范围内的乡村聚落（古村镇）景观（图 4-2）。

4.2　自然要素

4.2.1　地形、地貌

江南地区的地理特征主要是以平原与中低山丘陵地形为主，而又因为地形构造的区别使得不同地区的平原、丘陵以及形成的丘陵盆地分为不同的地形区[24]。长江三角洲作为长江入海之前形成的冲积平原，涵盖了上海市、江苏省和浙江省两省一市的主要区域，也是我们研究江南地区地形地貌的主要部分。通俗来说，长江三角洲是在长江入海的地方由于河水中所含的泥沙淤积累加形成了低平的、近似三角形的陆地。赵庆英等地质学家则从地质构造背景、泥沙来源、动力条件以及海底坡度四个方面科学详细地阐述了长江三角洲的形成条件。长江三角洲在地理区位上由于位于构造下沉区，为形成冲积平原创造了条件。而长江三角洲形成的泥沙主要就是由长江、废黄河三角洲和钱塘江这三个区域的泥沙淤积而成。正由于长江入海口地区的波浪、潮流及沿岸流的作用比较适中、海底坡度平缓，长江三角洲地区才得到了保存和不断地发展[25]。

太湖平原地区则是长江三角洲的主体平原地区。该平原以太湖为中心，太湖是中国五大淡水湖之一，地理位置上横跨江、浙两省，北临无锡，南濒湖州，西依宜兴，东近苏州，是经济文化中心地区，在长江三角洲以及江南地区都有着无可比拟的地位（图4-3、图4-4）。由于其特殊的地理位置，太湖的形成、演变和发展得到了学术界很大的重视，太湖的

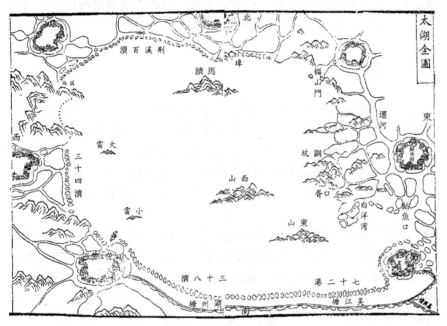

图4-3 太湖全图

图4-4 太湖低平的湖荡景观

形成理论大致可以归纳为潟湖成因说、构造成因说、堰塞成因说和综合成因说等；此外还有否认太湖受到全新世海侵影响的说法等。作为平原浅水型湖泊，孙顺才等[26]经过系统的测量和大量的分析认为太湖湖泊基底由黄土物质组成。而在黄土层上则有很多已经被淹没的河道和洼地，并且发现了新石器时代的古文化遗址。这就表明太湖的形成是在形成冲积平原的基础上，由于地表水宣泄不畅积水成湖的。

在历史变迁的过程中，太湖及周边平原的景观也不断地变化着。从清末以来，由于自然因素变化以及人为措施等，太湖景观经历着一个由沟谷切割的滨海平原景观逐渐演变为蝶形洼地的潟湖地貌形态的过程。后来由于出入口通道的调整和不断地变化，潟湖逐渐演变为太湖，与此同时其面积、大小也在不断地伸缩调整[27]，而"至于太湖中东太湖的成湖及东、西太湖的贯通以及面积的扩大与水深的变浅都是与冰期后海平面上升引起的河谷与洼地沉积充填、淤塞相关的"[28]。

4.2.2 水网、水源

在聚落发展和人类文明发展中，河流是最为直接的影响因素。而在江南地区的自然环境中，水网要素则显得更为突出和重要。江南地区水资源丰富、水体密集交织如网。因为江河入海之前在这里已经无法将泥沙顺畅冲刷入海，所以日复一日的泥沙淤积使河床在长期的沉积中慢慢露出水面，形成了洲渚，同时水流在周围或近旁又将地面切割成了更多的支系小河。

随着时代的发展、历史的变迁，水系水网不断变化，几次重大的水系调整不仅使江南地区地形地貌发生了一定的改变，更深刻影响着江南地区的经济和社会的发展。我国人工开凿运河历史悠久，早在秦始皇统一六国后，为加强对东南一带吴国旧地的经济和政治统治，"发赭徙三千""凿丹徒、曲阿"，开通了"北通长江、东入吴会"的人工河道——徒阳运河。徒阳运河又名丹徒水道，其南起云阳（今丹阳），北到丹徒入江，对该地区经济发展影响深远，尤其是后来隋代开凿京杭大运河，将此段水道作为江南运河的基本走向，沟通了我国南北交通，为沿线城市的经济文化发展带来深刻影响。

江南地区自然水体中最为重要的当属太湖，太湖水系由一系列湖泊群构成，总面积约为 3.65 万 km^2，素有"水乡泽国"之称[29]。太湖水系（表4-1）连通了江南的山水，是区域地形地貌的决定性因素。太湖可视为一个大型的蝶形洼地，北依长江，南靠钱塘江，东侧是黄海和东海，西面则是江苏和浙江境内的山脉。以太湖为中心的水网平原地主要指今天的苏州、无锡、常州三市，海拔高度从西北的 5—8 m 降到东南的 2—3 m。常州、常熟以北为高亢平原，常熟、昆山间和无锡以北、吴江之西为好田平原，吴江东南为湖荡平原，其余为水网平原[30]。而以太湖为中心的

表 4-1　太湖流域水系一览表

名称	水源	受水面积（km²）	主流走向
上游			
南溪（荆溪）	界岭（宜溧）、茅山丘陵地区	6 000	下坝—宜溧运河—氿湖—大浦口入湖
苕溪	天目山区	7 000	箬溪 东苕溪—小梅口入湖 西苕溪—大钱闸
洮河、漏河、运河地区	茅山以东、滨江高地以南、锡澄运河以西地区	—	伯渎港 直湖港入湖
下游			
东太湖	太浦河—拦路港 瓜泾口—吴淞江—黄浦江入海	占 60%	—
西太湖	胥江—浏河口 沙墩港—望虞河—长江 梁溪河—白茆港入海	—	调水河道

山地则以苏浙交界处为地点，绵延分布于浙江省境内，起伏的山峦为太湖水系提供了水源，同时保育了丰富的动植物资源，成为维系区域生态平衡的重要资源。

1）太湖成因

太湖古称"震泽""具区"，又名"五湖""笠泽"，是古代滨海湖的遗迹，位于江苏和浙江两省的交界处，长江三角洲的南部。大约在 100 万年前，太湖还是一个大海湾，后来逐渐与海隔绝，转入湖水淡化的过程，变成了内陆湖泊。"太湖"概有极大之湖的意思。宋代苏舜钦（1008—1048 年），在《苏州洞庭山水月禅院记》（1045 年）中描述太湖："洪川荡潏，万顷一色，不知天地之大所能并容。"

太湖成因素来是地理研究的热点，逐渐形成了不同的观点，例如"潟湖成因""构造成因""构造沉陷—海陆交替—堰塞淡化湖""风暴流成因"以及"火山喷爆""陨击成因""气象成因"等不同说法。而"潟湖说"作为传统的观点，具有较高权威性。长期以来，一般认为太湖地区经过古生代以来三次大的地质构造运动，形成了一个凹陷盆地，海面逐渐上升，造成新的海侵，海岸线不断后退，使太湖成为一个大海湾，又经过长江、钱塘江三角洲的泥沙沉积，逐渐由海湾形式形成潟湖形式。最后，从潟湖演变为和海泽完全隔离的内陆湖泊，是为"潟湖说"。

近几年来，另一种观点在学术界也颇受重视，即太湖的形成是受地形构造运动的影响。该观点不同于"潟湖说"，认为太湖地区受海洋侵蚀的规模不会太大，海湾的存在可能性较小。而太湖地区的陆地形成时间较早，在晚更新世末期即存在，最初地形并无大的起伏，而后来的一系列新构造运动，成为形成太湖地区地形面貌的最直接原因。由于新构造运动的直接作用，古太湖平原地区缓慢下沉，成为低海拔的平原区域，而周边的茅山山地与其所在区域则缓慢抬升形成连续的山地，造成往北与长江相连的水系改道东流，经过不断汇流、分流后注入低海拔平原区汇集成为若干小型的湖泊，即《史记》所称"五湖"（游湖、莫湖、胥湖、贡湖、菱湖），可视为太湖平原水网的雏形。自此随着地形构造的不断持续，太湖平原逐渐断层成为西高东低的盆地状地形，此前形成的小型湖泊面积不断加大，河道联系逐渐增强，相近的湖泊不断合并，最终完成了今天太湖基本地形面貌的塑造。此种说法将太湖地形的形成与周边山水的关系结合起来看待，与"潟湖说"同样具有较强可信度，是探讨太湖流域的重要理论基础。

2）太湖形态特征

太湖是著名的五大淡水湖之一，面积广阔，若以平均水位 3 m（吴淞基面，下同）为标准计算，太湖面积可达 2 442.44 km²，居我国五大淡水湖的第二位①。太湖中岛屿众多，面积较大的有 51 个，面积约为 89.7 km²，其中部分岛屿有居民居住。太湖南北总长度约为 68.5 km，东西平均宽为 34.0 km，最宽处可达 56.0 km，湖泊平均水深约为 1.9 m，最大水深为 2.6 m（参照水位为 3 m，吴淞基面），属于典型的浅水湖泊，或称积水碟形洼地。太湖湖底地形平坦，无较大起伏，平均高程仅为 1.1 m[31]。具体来看，通过对湖底地形分类量算，水深小于 1.5 m 的水域总面积约为 452.3 km²，约占总水域面积的 18.5%，主要分布于周边沿岸区域以及东太湖区；而水深大于 2m 的区域则主要分布于西太湖区，最大水深约为 2.52 m，位于西太湖平台山西部及北部区域，水域面积约为 197.3 km²，约占 8.1%；而水深为 1.5—2.5 m 的水域面积约为 1 688.6 km²，约占总水域面积的 72.3%，是太湖占比最高的水深。因此总体来看，太湖既无深沟、深槽，也无大面积的滩地，是较为平整的洼地。

3）其他水系

太湖流域是我国最为典型的水网平原，境内河湖纵横、水道交错。经测算区域内河道总长度达 12 万 km，平均每平方千米河道长度达 3.2 km，在宽广低平的平原区呈网络状分布，即"江南水网"，是自古以来太湖流域农业发展的水利基础。太湖流域具有庞大的水系系统，深刻影响区域自然景观的面貌。以太湖为中心，可分为上游和下游两个系统，各自拥有河流和湖泊。上游以"苕溪水系"（发源于天目山麓）、"南河水系和洮滆水系"（发源于太湖以西茅山及界岭）为主；下游以密布于平原的河网水系为主，东部以黄浦江为主构成黄浦江水系、吴淞江水系，这也是区域内重要的水位控制和航道水系，包括浏河、望虞河、锡澄运河、德胜港、九曲河、大运河等 18 条河道，连通长江和其他河网水系；南部为沿杭州湾水系，以人工河道为主，连通长山河、海盐塘、盐官下河和上塘河等水系，此部分水系可直通入海。便利的河网沟通了长江和大海，促成了该区域经济的繁荣，使江南地区自明清以来一直是全

①太湖的面积随时间推移有所变化，此处参考近年来的数据将太湖面积列为第二位（超越洞庭湖）。

国的经济重心。

4.2.3 气候条件

气候：江南地区属亚热带季风气候，四季区分明显，气候宜人，利于农作物生长。每年夏季受来自海洋的夏季季风控制，盛行东南风，高温多雨，最高气温度常达 35℃ 以上；冬季受大陆冬季季风侵袭，盛行西北风，气候湿冷，气温常低于 0℃。春秋两季是冬夏季风交替过渡的季节，形成春末夏初的梅雨期和秋季秋高气爽的气候（表 4-2）。

气象：多年平均气温为 15—16℃，无霜期为 220—240 天，适宜气温 10—28℃ 的日温占全年的 60% 左右，长达 200 天。主导风向为东南风，冬季多西北风，年平均风速为 3.4—3.9 m/s。春季的 3—6 月、秋季的 9—11 月是一年中最好的游览季节。

关于气候分类的方法很多，目前世界公认的分类方法是英国的柯本和桑斯威特的气候分类法。而在我国，气象学家基于前人的基础也提出了自己的气候分类法，分别以年干燥度和日平均温度 10℃ 积温（指某一时段内逐日平均温度累加之和）为基础划分中国亚气候区。根据这种分类法可以将江南地区划分为八个微气候区域[32]。

随着历史的发展，江南气候条件也不断变化，追溯到新石器时代的河姆渡文化、马家浜文化和良渚文化时期，那时年平均温度与现状比较偏高，降水量也更为丰沛。目前考古遗迹也证明了这一点，在长江三角洲新石器遗址中曾经发现过象化石，说明全新世中期气候较今日更为暖湿。而此后在"勾吴立国到越灭吴"的商代晚期到春秋时期，气候呈现由暖湿到寒冷的变化过程，商代时该地区气候温暖，但到西周前期江南地区气候出现了一个短暂的寒冷期。从历史角度来看，其时正是北方中原地区的居民南下，"同江南地区的土著人共同建立的勾吴国的气候因素"[33]。前面说到水资源的丰富直接影响了江南地区的聚落发展，水网景观的形成是一个漫长而复杂的过程，是气候因素和人为因素共同影响下的结果，最终形成江南乡村水网密布、水体类型多样、土壤肥沃的景

表 4-2 太湖周边城市主要观测点气候特征统计一览表

城市名称	年平均气温（℃）	历年极端最高气温（日期）（℃）	历年极端最低气温（日期）（℃）	一月平均气温（℃）	七月平均气温（℃）	年日照时数（h）	多年平均降水量（mm）
苏州	15.8	38.8(1978-07-07)	-9.8(1958-01-16)	3.0	28.5	1 996.3	1 073.1
无锡	15.4	38.6(1958-08-06)	-12.5(1969-02-06)	2.5	28.5	2 043.3	1 084.5
常熟	15.4	40.1(1934-06-26)	-12.7(1931-01-10)	2.7	27.9	2 130.2	1 054.0
吴江	15.7	38.4(1978-07-05)	-10.6(1977-01-31)	3.1	28.2	2 110.9	1 019.5
宜兴	15.8	39.6(1959-08-22)	-13.1(1977-01-31)	2.8	28.4	1 980.9	1 207.1

观面貌。

4.3 人文要素

4.3.1 地域文化的形成和发展

江南地区由江苏省的南部和浙江省的北部组成，受区域内山水结构的影响，江南文化多秀丽明媚，审美性强。从形成原因来看，江南文化除了受中原文化的孕育外，历史上还分别受到吴、越以及长江下游楚文化的影响，在长期的历史发展中逐渐融合、发展最终形成颇具特色的江南文化，尤其是吴越文化，已成为江南文化的代名词。对于江南文化的研究，起步于历史学、考古学领域，尤其是早期的研究基本都是基于历史文献资料和考古出土文物（图 4-5）的佐证。例如，早在 1936 年在上

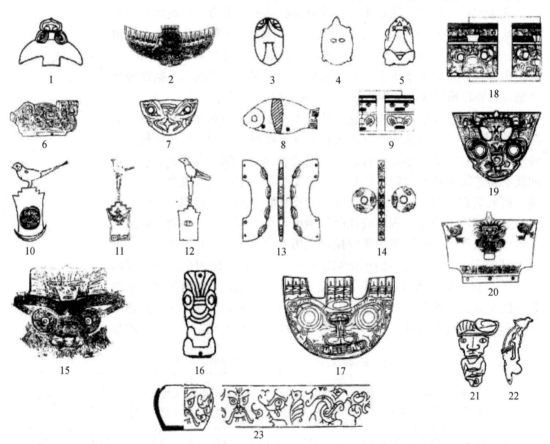

1—2.玉鸟（瑶M2:50、出光）;3.玉蝉（反M14:187）;4.玉龟（反M17:39）;5.玉蛙（张M4:01）;6.玉猪（纽约）;7.玉牌饰（瑶M7:55）;8.玉鱼（反M22:23）;9.玉琮（瑶M12:5）;10—12.刻划鸟纹（佛里尔玉璧）;13.玉璜（瑶M11:94）;14.玉龙首牌（瑶M1:17）;15.玉琮刻纹（反M12:98）;16.玉徽状饰（达M10:4）;17.玉三叉形器（瑶M10:6）;18.玉琮（瑶M12:1）;19.玉牌饰（瑶M10:20）;20.玉冠状饰（瑶M2:1）;21.玉人（朝）;22.玉饰（赵M77:71）;23.陶罐（澄）
（注:瑶即瑶山;反即反山;张即张陵山;达即达泽庙;朝即朝墩头;赵即赵陵山;澄即澄湖）

图 4-5　崧泽文化时期出土文物

海成立的"吴越史地研究会"等，就是从历史学和考古学研究江南文化的代表，顾颉刚、童书业等著名历史学家都参与其中，为研究江南文化做出较为深入的探索。随着历史资料的积累，研究逐渐趋向于开放式的模式，研究遍及经济学、社会学、人文地理学等领域，为理清江南文化的形成和发展做出了坚实的基础，例如李伯重、刘石吉等人从经济角度对江南社会文化的研究。

以历史的线索来看，江南文化是同黄河文化并行的古老文明，同属中华文化的构成脉络之一。出土文物的断代表明，早在旧石器时代江南地区就有灿烂的文明，较有代表性的文化是马家浜文化、河姆渡文化等。此时的江南文化精致、柔美、富有想象力，代表江南文化已经发展到极高的文明程度。不同于北方以红山文化为代表的粗犷、质朴的文化形象，江南文化纤巧、柔美的审美风格此时已形成雏形，例如出土玉器种类繁多，形式多样，且装饰图案和线条复杂、精美而优雅。进入夏商时期，中华文明以黄河流域为中心快速发展，江南地区暂时进入平缓的过渡期，太湖平原出现了马桥文化，宁镇丘陵出现湖熟文化，都带有明显的中原文明痕迹，可见当时的江南文化深受中原文化影响。而《史记》"泰伯奔吴"的记载更暗合了这一趋势，表明江南地区在当时正处在大开发的阶段，其文化在融合中缓慢发展，此时也有了"勾吴"的记载，开启了吴国历史。

到春秋战国时期，江南文化随着吴越两国的强盛而逐渐成形。吴越两国在相互争战中发展壮大，促进了生产技术的进步和民族的大融合，为江南文化的最终成型奠定了基础。从相关文物来看，此时的青铜铸造、农业种植、造船渔业等都有了长足进步，物质资源大大丰富，文化特征呈现出刚柔相济的特征。

秦汉时期中原各诸侯国文化进入了繁荣时期，中原农业文明迎来了新的高峰，相比之下江南地区仍被视为"蛮荒"之地，文化发展相对滞后。而从魏晋南北朝，直至隋唐时期，江南文明则进入了转型、嬗变且快速发展的时期。受魏晋时期北方政权南迁的影响，为开发长江中下游地区带来了极为重要的农业生产技术，经济的发展带动了文化水平的快速提高。中原贵族士人的南迁，促进了区域间文化的交流和融合，为江南文化的转型带来了契机[34]。自隋朝大运河的开通开始，江南地区的经济地位凸显出来，缩小了南北经济文化的差距，为后来江南成为全国经济文化重心提供了客观条件。此时的江南文化，逐渐将柔美、温润、精美发展到极致，同时在社会各阶层形成了普遍的审美自发性，文人骚客多聚集江南，甚至"江南"二字本身已成为明确的审美意象。

进入明清时期，江南成为我国经济重心，江南文化迎来成熟期。从文化的分支来看，此时的江南文化不仅特征鲜明，且体系庞大，枝繁叶茂，总体呈现出自由开发、柔美温润、崇文重教的总体特征，江南文化最终成为一种"文化基因"[35]。

4.3.2 聚落的发展

1）原始社会的江南聚落

人类文明有着相近的发展脉络，从聚落的产生和发展来看，都大致经历过最初的萌芽期，即原始社会聚落时期。江南地区约在1万年以前就出现了远古人类活动的踪迹，公元前5000—前4000年开始出现早期原始社会文化，例如良渚文化、马家浜文化等。在良渚文化遗址区，考古发现了距今4000年的古城，是同类文明中最大的古城遗址；同时期江南地区的遗址还有崧泽文化遗址区内的寺墩遗址（今常州市内）。古遗址的考古发现佐证了江南聚落的起源和文明的萌芽，虽然还不能说是真正意义上的城市，但已是"原始人类社会发展到一定阶段形成的原始聚落"[36]。受自然条件的影响，江南地区此时已经种植了水稻，并开始了漆器、玉器和陶器的制作生产，同时桑蚕、造船和渔业的发展为当时的社会生活提供了较为丰厚的物质基础，稳定的社会生活也促进了聚落的发展。从考古发现的大量干阑式建筑就可见一斑。同时从发掘的遗址来看，由于当时人类对自然认知水平的限制，原始聚落大都选择在靠近水源、食物丰富、能避免凶禽猛兽等自然条件优越的位置，良好的自然环境就是这些早期古城聚落形成基本条件和发展的基本因素[37]。

与江南文明的发展同步，江南聚落在此后进入发展的平缓时期，一直到《史记》所记载的"泰伯奔吴"时期，周太王古公亶父的长子泰伯，由中原岐山南逃至江南，"建立荆蛮小国，自号勾吴，此后至阖闾共24世，前后六百多年，梅里一直是吴国的都城"[38]。公元前514年，吴王阖闾命伍子胥"相土尝水，象天法地"，重建都城，这就是后来一直延续于此的苏州城。当时修筑的苏州城"周长四十七里，陆门八，水门八，规模庞大"[39]。吴王夫差凭借都城之利，大力发展苏州城，开凿了苏州经望亭、无锡至奔牛的运河，由孟河入长江（后来的江南运河苏州至常州段亦是在此基础上拓宽挖深河道而成），打通了从吴国国都直接西航的水上通道[40]。同时，江南一带的其他城市也有了雏形，例如古淹城[41]、春申君城[42]及长江沿岸的渡口城市[43]等。

2）秦汉至南北朝时期的江南聚落

秦汉时期，我国政治、经济及文化的中心依然在关中地区，秦灭六国之后，采取了一系列的经济和文化统一措施，例如度量衡、文字等，为社会经济的全面发展提供了条件，江南地区虽然在此时仍属蛮荒之地，但总体来说，已在春秋时期的基础上继续发展了[44]。此时徒阳运河的开发，"直接促进了丹徒和丹阳的发展（当时的镇江尚未形成，而丹徒和丹阳已经是有名的城市）"，无锡城也于汉代形成，但规模不大[45]。

三国两晋时期北方中原地区政治的动荡造成了生产的破坏，却为江南地区带来了人口的迁徙和文化的融合。中原地区南迁的人口为江南地区开发带来了先进的生产技术和劳动力，极大促进了江南地区聚落的发展，同时多元文化的交融也为江南文化的形成和发展奠定了基础；到南北朝时期，江南地区已经是多个政权的都城所在地，相较北方的动乱，短暂的政治稳定为该区域内聚落的发展提供了政治保障。

3）隋唐宋时期的江南聚落

隋唐时期虽然政治经济重心仍在中原地区，但此时的江南经过较长历史时期的开发已经具备了丰厚的物质基础，成为新兴的富庶之地。尤其是隋朝大运河（图4-6）连通南北之后，作为鱼米之乡的江南地区，成为粮食的重要输出地，经济地位迅速提高；沿运河两岸的城市在经济增长的支持下得以快速发展，城市聚落迎来了新的繁荣时期。主要表现为聚落规模逐步扩大，城市的商业属性凸显，例如常州、无锡成为转运赋粮中心，常州府和无锡县城因此而更趋繁荣[46]。到北宋时期，江南城市聚落延续了隋唐时期的定位。而到南宋时，由于政权的南迁，江南城市聚落得到了空前的发展，城市人口快速增长，经济地位和政治地位都有了显著提高（图4-7）。

4）元明清时期的江南聚落

元明清时期是江南聚落最终成熟并繁荣的时期，形成独特地域风格的同时，在文化表达方面同样独树一帜。尤其是明清时期，随着京杭大运河的疏通，江南地区不仅是全国的粮食供应区，也是最重要的财赋供给地，经济地位不言而喻，更为明确的是，较之唐宋时期，此时的江南地区在经济上依然具有举足轻重的意义。明末著名学者顾炎武称"天下租税之重，至浙西而极。浙西之重，苏、松、常、嘉、湖五府为甚"[47]，表现的就是江南地区在赋税方面的重要性。从商业发展的角度来看，明清的江南地区出现了资本主义的萌芽，手工业发达，商品丰富，需要有

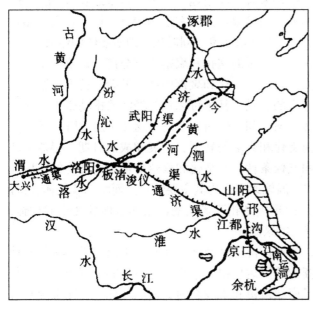

图4-6　隋代运河

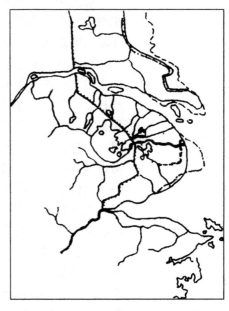

图4-7　江南地区宋代水网格局

更为自由的商业环境，这使得城市聚落逐步走向开放，出现了前所未有的聚落空间模式。

与此同时，江南乡村聚落也有了新的发展。以经济的活跃程度区分，江南乡村分化为小镇和乡村两类，"镇"的商业意义更明确，而乡村则对应农业生产。江南地区乡村聚落在明清时达到了最为完善的程度，目前保留的江南乡村聚落，基本都是明清时期的遗存，无论是从形式还是功能来看，都具有了典型的地域特征：与水网的结合体现出对自然条件的利用，因借自然的空间秩序表达体现出江南文化的独特性。

5）晚清至民国的江南聚落

两千多年的封建社会发展到清末，社会弊端日益积累，已到无可挽回的穷途。清末太平天国战乱严重冲击了社会经济，作为联系南北的运河航道此时由于黄河改道也难以为继，粮食运送更多地转为海运[48]。战乱和经济的萧条使得江南城市聚落更加萧条，几乎所有的江南城市都不可避免地进入暂时的衰退期。更为严重的是，随着此后战乱的不断出现，尤其抗日战争的全面爆发，作为全国富庶之地的江南城市几乎无一幸免地收到炮火袭击。例如嘉兴城"至解放时，除几座清末修复的寺庙外，全城基本上已无古代建筑"[49]。

而江南乡村聚落受交通的制约，长期处于相对闭塞的状态，反而进入一个平缓的稳定时期，较为完整地延续了传统的空间结构和聚落功能，至少在这个时期内，我国的传统村落数量是较为可观的。大量古典园林、建筑文物都在乡村得以完好保存，各种民间艺术、民风民俗以及民间宗教得以流传，为后来研究中国传统园林和建筑提供了宝贵的素材。

综上所述，从自然条件来看，江南地区作为"鱼米之乡"，是气候、水网及生产技术共同影响下的结果，太湖在水网中具有核心意义，相互连通的河湖网络不仅是地貌的塑造要素，同时也是地貌制约的结果。

从人文要素来看，江南地区的文化和聚落不可分离，是统一于同一历史进程中的两个方面。自江南文化和聚落的产生开始，就不可避免地与社会生产有着千丝万缕的联系，甚至可以说是经济的推动带来了文化和聚落的发展。其中魏晋南北朝、隋唐、明清等这几个历史阶段成为关键点，分别对应了江南文化和聚落的转型、发展和成熟时期。得益于江南地区良好自然条件和气候条件，其文化和聚落均体现出独特的地域风格，总体来说自由开放、温婉柔和成为其主要特征，而将二者整体看待，可以发现江南文化和江南聚落是相互影响的，聚落是地域文化的载体，地域文化是江南聚落范式的来源。

从历史进程来看，明清江南地区经济文化都呈现出异于同时代其他地区的特征，尤其是商业的发达使得聚落空间更为包容和开放，重文与重商同时存在，出现了商业市镇和工业乡村聚落的分化，对比全国来看具有强烈的特殊性。

第4章参考文献

[1] 李伯重.简论"江南地区"的界定[J].中国社会经济史研究,1991(1):100-105,107.

[2] 徐茂明.江南的历史内涵与区域变迁[J].史林,2002(3):52-56.

[3] 徐茂明.江南士绅与江南社会(1368—1911年)[M].北京:商务印书馆,2004:12-13.

[4] 黄爱梅,于凯.先秦秦汉时期"江南"概念的考察[J].史林,2013(2):27-36.

[5] 贺宏岐.释《史记·货殖列传》中所谓的"江南"[J].中国历史地理论丛,1997(4):172.

[6] 黄今言.秦汉江南经济述略[M].南昌:江西人民出版社,1999:2-3.

[7] 周珽.秦汉时期江南陶瓷业的发展[J].南方文物,2002(3):56-60.

[8] 周振鹤.释江南[M].上海:上海古籍出版社,1992:141.

[9] 官士刚.秦汉六朝江南经济略论[J].聊城大学学报(哲学社会科学版),2005(4):51-55.

[10] 张燕飞.汉代江南农业的发展[J].中国农史,1994(4):8-14.

[11] 景遐东.江南文化与唐代文学研究[D]:[博士学位论文].上海:复旦大学,2003:13-15.

[12] 罗凯.唐十道演化新论[J].中国历史地理论丛,2012,27(1):98-109.

[13] 王祥.宋代江南路文学研究[D]:[博士学位论文].上海:复旦大学,2004:13-15.

[14] 冯贤亮.史料与史学:明清江南研究的几个面向[J].学术月刊,2008(1):134-143.

[15] 罗时进.太湖环境对江南文学家族演变及其创作的影响[J].社会科学,2011(5):176-182.

[16] 洪焕椿,罗仑.长江三角洲地区社会经济史研究[M].南京:南京大学出版社,1989:366.

[17] 林志方.江南地区夏商文化断层及其原因考[J].东南文化,2003(9):29-34.

[18] 刘石吉.明清时代江南市镇研究[M].北京:中国社会科学出版社,1987:1.

[19] 刘士林.江南与江南文化的界定及当代形态[J].江苏社会科学,2009(5):228-233.

[20] 朱逸宁.江南都市文化源流及先秦至六朝发展阶段研究[D]:[博士学位论文].上海:上海师范大学,2009.

[21] 庄华峰.古代江南地区圩田开发及其对生态环境的影响[J].中国历史地理论丛,2005,20(3):87-94.

[22] 严耀中.江南佛教史[M].上海:上海人民出版社,2000:1-2.

[23] 王云才,陈田,郭焕成.江南水乡区域景观体系特征与整体保护机制[J].长江流域资源与环境,2006,15(6):708-712.

[24] 朱炜.基于地理学视角的浙北乡村聚落空间研究[D]:[博士学位论文].杭州:浙江大学,2009:51.

[25] 赵庆英,杨世伦,刘守祺.长江三角洲的形成和演变[J].上海地质,2002(4):25-30.

[26] 孙顺才,伍贻范.太湖形成演变与现代沉积作用[J].中国科学,1987,17(12):1329-1339.

[27] 张修桂.太湖演变的历史过程[J].中国历史地理论丛,2009,24(1):5-12.

[28] 王建,汪永进,刘金陵,等.太湖16 000年来沉积环境的演变[J].古生物学报,1996,35(2):213-223.

[29] 乌再荣.基于"文化基因"视角的苏州古代城市空间研究[D]:[博士学位论文].南京:南京大学,2009:9-10.

[30] 周运中.苏皖历史文化地理研究[D]:[博士学位论文].上海:复旦大学,2010:19.

[31] 秦伯强,罗潋葱.太湖生态环境演化及其原因分析[J].第四纪研究,2004,24(5):561-568.

[32] 王建华.基于气候条件的江南传统民居应变研究[D].[博士学位论文].杭州:浙江大学,2009.

[33] 姚闻清,童凯.浅议吴文化发展的地理背景[J].无锡教育学院学报,1997(2):46-48,70.

[34] 李学勤,徐吉军.长江文化史(上)[M].南昌:江西教育出版社,1995:364.

[35] 徐茂明.东晋南朝江南士族之心态嬗变及其文化意义[J].学术月刊,1999(12):62-68.

[36] 徐龙国.中国古代城市与文明起源[J].管子学刊,2003(2):83-88.

[37] 黄云峰.中国古代都城选址与布局中的传统建筑文化[J].山西建筑,2008,34(4):55-56.

[38] 谈汗人,无锡县志编纂委员会.无锡县志[M].上海:上海社会科学院出版社,1994:56.

[39] 杨循吉.吴邑志长洲县志[M].陈其弟,点校.扬州:广陵书社,2006:36.

[40] 史念海.中国的运河[M].西安:陕西人民出版社,1988:45.

[41] 潘恂.武进县志[M].海口:海南出版社,2001:3.

[42] 王赓唐,冯炬.无锡史话[M].南京:江苏古籍出版社,1988:6.

[43] 《京杭运河史料选编》编纂委员会.京杭大运河(江苏)史料选编[M].北京:人民交通出版社,1997:96.

[44] 俞希鲁.至顺镇江志(上册)[M].南京:江苏古籍出版社,1999:55.

[45] 张小庆,张金池.京杭大运河江南河段沿线城市的形成与变迁[J].南京林业大学学报(人文社会科学版),2010,10(2):50-56.

[46] 邓广铭,漆侠.两宋政治经济问题[M].上海:知识出版社,1988:37.

[47] 刘亚荷.中国古代经济重心南移的完成[J].广西民族大学学报(哲学社会科学版),2007,29(S1):122-123.

[48] 岳国芳.中国大运河[M].济南:山东友谊书社,1989:121.

[49] 绍华.大运河的变迁[M].南京:江苏人民出版社,1961:131.

5 江南地区乡村景观的总体特征分析

景观特征是指特定地域或者类型的景观呈现出的独特功能、结构及形式。从景观生态学角度来说,江南水乡景观作为一种镶嵌式的景观格局,具有极有效的物质循环和能量传递特征,使得传统的江南水乡村落能够实现物质的自给自足;从景观发展的角度来说,维持了产业发展和环境保护的和谐关系,并依靠自然的有利条件形成了独特的聚落景观和民俗文化,是一种典型的可持续发展模式。这种可持续性具体包括三个方面,即物质的循环利用、能量的有效传递以及空间的自然生长。江南地区地貌主要以太湖平原为主,河网密集,采用精耕细作的农业生产方式,耕作半径较小,农民大多择田而居,村落布局分散。改革开放后,乡村工业化的快速发展导致村落用地扩张,形成团块状聚落,但聚落规模明显偏小,聚落密度和破碎化程度均相对较高。

5.1 研究的逻辑及理论

5.1.1 江南乡村景观特征的认知逻辑与原则

1) 认知逻辑

江南地区乡村景观是一个综合概念,其景观特征存在于复杂的景观结构和形式中,集成性、系统性及动态性是研究江南乡村景观特征的重要逻辑基础。江南水乡作为一种审美景观意象,其特征已被反复总结过。例如刘沛林以"景观基因"的方式将我国乡村景观类型进行了划分,对江南地区乡村景观做出"小桥流水人家"的特征描述;此外,还有大量的文献从单项的景观要素出发进行总结,涉及建筑学、生态学、土壤学及气象学等角度,但对其特征的总结往往都是以某一学科的理论作为视角,相对静态、固定地阐述某一项或者几项要素的景观特征[1]。而景观生态学的介入为江南乡村景观的特征总结带来了新的视角,以景观过程为研究对象,重点阐述能量的传递、物质的循环等动态过程对自然环境、人工聚落以及民俗文化的影响,实现对江南水乡景观本质的描述。

同时,对江南乡村景观特征的总结,以农业文明时代的传统江南水乡村落为分析对象，这与乡村景观发展的动态性并不矛盾，相反，正是基于不同发展阶段的乡村景观对比，才使得江南水乡的景观特征更加明确；此外，也不是说传统江南水乡村落就是一个"理想模式"，而是传统的江南水乡的可持续性特征对当前村落发展具有重要的启示意义。本章节的论证主要基于这两点逻辑关系展开。

2) 分析原则

（1）混合性

景观特征作为"是什么"的范畴，应具有明确而直接的"原型"。但从目前的文献资料来看，不同学科有着不同的概念描述，每种描述都有可视为对江南水乡景观的解释，但又很难找到一个确切的"原型"。究其原因，并非相关专家回避回答，而是江南乡村景观本身就是一种"镶嵌"式结构，其景观功能的实现有赖于固定景观要素的复杂组合，同一景观要素往往会承担不同的景观功能，且必须相互依赖才可实现各自功能；空间上体现出强烈的多元性和含混性特征，以满足乡村景观的功能需求；认同江南水乡景观功能和空间的集成性是分析其景观特征的起点。

（2）系统性

江南水乡景观作为独立循环的完整系统，其景观功能和空间形式之间具有明确的对应关系，这种对应关系一方面来自于特殊的山水河湖等自然条件对人类活动的制约，另一方面是江南水乡的农业生产、乡村生活方式等人类活动对自然环境的适应和改造。在制约与适应、限制与改造的"天人关系"中，不管是作为人类活动基底的江南自然环境，还是作为人类活动产物的聚落景观，都应是相互联系的景观系统中的一环。

（3）动态性

作为一种以农耕文明为基础、自然生长的景观类型，江南地区乡村景观系统中物质和能量的动态传递是维系其景观特征重要的动力基础，决定了景观发展的可持续性；同时，以历史的观点来看，传统村落是不断随环境条件和人类活动的改变而逐步改变的。探讨江南地区乡村景观特征的重要环节就是如何定义"传统"的、"原型"的江南水乡村落，从乡村景观发展的角度来看，"原型"无疑也是开放的、动态的，因此本书从单纯寻求具体符号或"原型"的研究思路，转向描述江南水乡景观过程，结合当下"美丽乡村""新型城镇化"及"生态文明建设"等时代背景，为重新理解江南乡村聚落景观价值、景观特征及景观发展等一系列问题提供逻辑基础。

5.1.2 景观格局和结构的理论

1) "斑块—廊道—基质"模式

景观生态学以研究景观的结构、功能和动态等景观特征为目标，为研究江南地区乡村景观特征提供了必要的基础理论。"斑块—廊道—基质"模式是描述景观结构的直观手段，并能反映景观结构、景观功能及动态变化之间的关系，是一种简明的景观特征描述语言。廊道、斑块和基质不是严格区分的景观类型，而是基于不同尺度的景观认知方式。斑块是景观格局的基本组成单元，是指不同于周围背景的、相对均质的非线性区域；廊道是指线性的、不同于两侧基质的狭长景观单元，具有通道和阻隔的双重作用；基质是斑块镶嵌内的背景生态系统或土地利用形式。

江南乡村景观以耕地为基质，道路、河流和灌溉渠道为廊道，居民点和水塘为斑块的景观镶嵌结构[2]。"斑块—廊道—基质"模式对于研究江南地区乡村景观特征具有重要理论意义，通过总结固定尺度下江南地区斑块、廊道和基质的类型、大小、形状及分布规律，能够系统掌握江南乡村景观结构的动态变化，可以数据的形式直观反映江南水乡景观的特征及变迁状况。

2）景观格局

景观格局是景观生态学的基本概念，常用来描述某一区域内景观在水平方向的空间结构和组合规律，涉及某种景观类型斑块的形状、大小及属性。景观格局是景观异质性的具体表现，因此可以反映出某个区域内景观的根本特征。景观格局的认知和分析具有多种途径，其中最为有效和准确的方法是对景观格局指数进行量化计算。景观格局指数是景观结构信息的量化呈现，是反映景观结构、组成及空间配置特征的指标[3]。随着以 GIS 数据平台为代表的 3S 技术的广泛应用，景观格局指数的计算和分析具备了更便捷的手段，能够实现对区域景观变迁实现动态监测。

江南地区乡村景观的格局特征主要表现在以下两个方面：

（1）均质化的景观格局

江南地区乡村景观格局的斑块、廊道、基质区分明显，交错存在，呈现出显著的镶嵌结构。从整体来看，除水体等特殊斑块之外，江南乡村景观格局普遍具有较高的均质化，斑块和廊道的组合形式既有相互交错的复杂结构，同时由于用地类型的稳定性而又使格局呈现出较强的规律性。

（2）破碎化的土地利用

与景观格局的均质化对应的是破碎化的土地利用。以整个江南地区来看，将用地类型划分为耕地、林地、草地、建筑用地、水体及未利用土地六种类型，建筑用地和水塘是该地区乡村景观最基本的斑块类型，耕地、林地及草地通常被理解为基质，而道路、河流等作为廊道将斑块和基质划分开来。均质化的景观格局决定了土地利用的破碎度。利用 GIS 数据平台对用地类型进行处理，可以直观清晰地反映出江南水乡土地利用类型的高破碎度（图 5-1）。

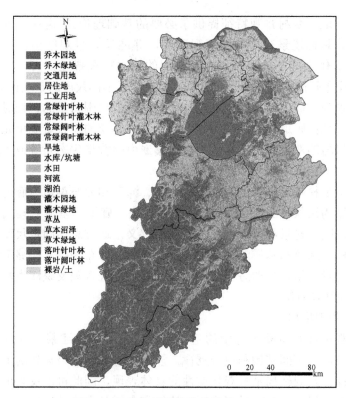

图例（图注）：

乔木园地
乔木绿地
交通用地
居住地
工业用地
常绿针叶林
常绿针叶灌木林
常绿阔叶林
常绿阔叶灌木林
旱地
水库/坑塘
水田
河流
湖泊
灌木园地
灌木绿地
草丛
草本沼泽
草木绿地
落叶针叶林
落叶阔叶林
裸岩/土

图 5-1　江南地区用地类型图（2005 年）

5.2　江南地区乡村景观的构成要素

5.2.1　自然环境

江南地区四季分明，降雨量丰沛，河网密布，土地肥沃，动植物资源丰富。本书将苏南和浙北作为研究对象，是基于相同自然基底和气候特征的考量，江南的自然地理风貌在此区域得到突出体现。具体有如下基本要素构成：

1）气候特征：降水与高温同期，利于农业作物生长

江南地处长江中下游南部的中亚热带季风气候区，基本气候特点是温和湿润，雨量充沛，四季分明，无霜期长。总体来说，水热资源总量丰富，光资源总量偏低；降水的季节分配不均匀，春季和初夏雨涝，伏秋干旱，水热同季不同步。基于江南的气候特征，水稻成为主要的粮食作物。江南地区全年降水量为 1 200—1 800 mm，是全国年降水量最多的区域之一，且年内降水量分配极不平衡，雨季旱季分明。降水的地域分布大致为南多北少，东部多于西部，山地多于平原[4]。各月年降水量分布以 6 月最多，以苏州为例，月平均降水量达 154.8 mm，其次 9 月为 133.3 mm，冬季 12 月和 1 月的降水量在 40 mm 以下。全年降水日数

平均为 127 天。日降水量大于 50 mm 的暴雨日数，全年平均为 2.1 天；大于 100 mm 的大暴雨日数，全年平均为 0.5 天。四季平均降水量分布，春季（3—5 月）为 286.8 mm，占全年降水量的 27%；夏季（6—8）为 406.1 mm，占全年降水量的 38.2%；秋季（9—11 月）为 243.7 mm，占全年降水量的 22.9%；冬季（12 月至次年 2 月）为 127 mm，占全年降水量的 11.9%。年平均气温为 16.0—19.5℃，1 月平均气温为 3—8℃，7 月平均气温为 28—30℃。

2）山水结构：地势平坦，河湖纵横，利于聚落景观营造。

江南地处长江三角洲、太湖平原。境内多为平原，有少量山体；山体主要分布在浙江境内以及环太湖地区，山体高度较低，但对于地区景观的塑造具有重要作用。境内河网密布，地势平坦，地面高程多在 2.7—2.8 m（基准面：吴淞零点），部分高地达 5—6 m，平均 3.4 m。区域内大小河流纵横，将土地分割成自然的地块；区域内池塘遍布，但除太湖外，无大型湖泊。河流对江南水乡聚落具有绝对的控制性，"因水而得佳景"，江南水景丰富多彩，趣味横生，是江南水乡景观中最为生动和丰富的部分。不论是天然水体还是人工水域，都与居民生活融为一体，与聚落的产生、发展有着直接关系。譬如，江南同里镇外有"五湖环绕"，镇内 15 条河流纵横交错呈网状分布，与古镇聚落空间融为一体，并将古镇划分为 7 个"岛屿"，河道上依靠不同历史时期修建的 49 座桥梁实现交通往来，形成了"桥路相连、街河并行，环水设市、依水成街、沿水筑屋、傍水成园"的水乡风貌[5]。

3）植被覆盖：植物资源丰富，利于生境培育

江南地区乡土植物种类繁多，不仅为生态水源涵养、水土保持、空气净化、动物栖息等提供了基础保障，还为乡村居民生活提供了必需的建筑材料、经济林木及景观元素。其中林木类有竹、松、梅、桑、杉等等，例如苏浙两省交界处有面积广阔的"竹海"（图 5-2）。主要农作物为水稻、小麦和油菜等，此外，零星种植大豆、玉米等粮食作物；经济作物种类

图 5-2　宜兴竹海自然景观

繁多，广泛种植柑橘、枇杷、银杏、栗子等等；江南地区乡土植物种类丰富，如墨旱莲、蒲公英、车前草、金钱草、益母草等；在湿地有鱼腥草、半边莲、毛茛、蛇苏、旋覆花等；在河湖池塘中有芡实、芦根、浮萍、槐叶萍等。

江南地区的植被是以常绿落叶混交林为主的地带性植被，根据土壤地质条件不同，不同区域分布着暖性竹林、暖性针叶林、落叶阔叶林、常绿阔叶林和大量水生植物群落[6]。"日出江花红胜火，春来江水绿如蓝"，唐朝诗人白居易在《忆江南》诗句中，描述了富有色彩的江南水乡景观，而正是多样性的植物资源形成了江南地区季相分明的植物景观，并成为江南水乡聚落景观的自然背景。在多样性植被资源的孕育下，江南地区也具备种类丰富的动物资源。江南属于东洋界动物区的东部丘陵平原亚区，主要是农田动物的栖息地，除此之外，也有如穿山甲、灵猫、水獭、白鹤等一些珍稀动物。动植物资源的丰富多样显示了江南地区生态环境的适宜性，是江南水乡聚落形成和发展的基底条件。

4）沟通自然生境的水网环境

（1）密度较高，类型多样

江南水乡河湖密布，数量众多，密度为 3—4 km/km^2。以被称为"东方威尼斯"的苏州为例，民居、农田及道路都与水网之间存在着密切联系。基于居民的生产生活需求，人们对水网不断进行调整，使其更便于使用，因此水乡居民不仅将水网作为交通要道，同时也是涵养水源、排洪防涝的水利设施，还是圩田等农业生产活动的必要条件。从形式来说，水网的类型包括了湖泊、河流、水塘、鱼塘、沟渠、水库及沼泽等多种形式。

（2）层级分明，功能混杂

江南水乡景观中虽河湖众多，但水网层级分明，秩序井然。主要体现在：形式上河道主次分明，结构上河湖框架体系清晰。但基于日常生产生活的复杂性，水网（图 5-3）的功能也较为复杂，在相同空间内不同要素同时呈现，势必要求水网功能具有包容性，交通、生产、水利控制

图 5-3　苏州市盛泽镇的密集水网

及景观用水等不同功能会含混一起。

（3）生态为先，兼顾审美

江南水乡的河湖不仅是江南乡村的自然基底，同时也是空间结构的重要影响因素。具体来看，密布的河湖起到调节气候、涵养水源、保持水土及净化空气等多种生态功能，是区域气候特征的重要控制条件，也是农业生产最重要的基础条件，维系着区域自然环境生态功能的实现。与此同时，江南水乡的水网是区域景观特征的决定性因素，决定了江南"小桥流水人家"意境的完整性，具有重要的审美意义。

5.2.2 聚落空间

1）基于自然条件的聚落选址

（1）选址的空间需求

纵观江南村落的选址（图5-4至图5-6），大多是有"领地感"的地形、地势[7]，具有易于形成围合空间的天然屏障，例如连绵的山体、开阔的湖泊、蜿蜒的河流或成片的树林等。天然屏障从空间来说具有围合感，利于形成层次，蕴含着潜在的"诱发空间"的力量[8]，符合选址的空间要求。村落从选址开基开始，往往经过几百年甚至上千年与环境适应的过程，尊重自然并运用自然，逐渐完成水乡聚落"生长式"的空间构建过程，体现出传统村落空间的可持续发展模式。山水格局、沟梁阡陌、护坡池塘、林木坟茔等景观元素，都使乡村生态系统维持在一个非常微妙的平衡状态[9]。在农耕时代的江南，选择有天然屏障的场所营造聚落空间，有资源需求、生态需求和军事战略等实用功能的考量。从资源角度来说，靠近山体和河流，能够更方便获取动植物资源和水源，为居民生活带来直接的便利；从生态角度来说，背山面水的村落选址，一方面易于获得植物生长所必需的水热条件，另一方面也是居民运用山水资源完成生活资料获取和废物排放的基本方式；从文化角度来说，注重山水形制的选址标准更多出自风水的要求。

江南传统村落表现出对自然山水的依赖和利用，山水成为村落的基底景观。村落选址注重自然审美，往往选择具有较高审美价值的"山水胜地"[10]。村落选址的最佳模式就是背靠连绵不绝的山脉，面临开阔的

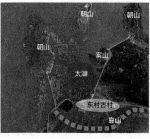

图5-4 植里选址示意图　　图5-5 东村选址示意图　　图5-6 明月湾选址示意图

湖泊、池塘等，侧方有曲折回环的河道，左右两边有浓密的自然山体环抱。基于此种风水模式的选择，江南村落景观的空间格局具有显著地可辨识度。江南村落的自然环境可以总结为几个字，即"枕山、环水、面屏"，群山和聚水的组合不但给江南村落贴上了水乡的标签，而且限定了水乡村落整体的大环境。枕山环水的整体空间格局都可以在江南地区现存的大多数传统村落中找到踪迹。

（2）选址的审美要求

江南传统文化具有"诗性"的审美特征，人们对环境审美具有自发性。独特的审美标准造就了江南水乡景色秀美的村落环境。无论是自然条件中百转折回的溪水、耸立的岩石，还是层次分明的林木，皆与村落建设紧密联系起来。江南一带河道纵横，水路是居民对外交通的重要途径。村民临水而居，沿河发展，水系或穿村而过，或偏于一侧，这样的空间结构不但使村落有了"柔"的一面，而且使得自然山水与村落紧密融合，带来了独特的水文化，符合江南水乡的传统审美标准。从聚落内部构造来看，环境审美也是无处不在的。水乡村落从单体建筑到群体组合达到了完美的统一，沿河前店后宅的建筑群连绵不断，对河面是封闭的，但是通过建筑群体组合的巧妙安排，将村落与水系紧密联系[11]。江南的传统村落空间具有自然生长的特征，村落形态千差万别但却和谐统一，从根本上来说是环境影响的结果；不同的环境作用不同，故而村落的布局千变万化。从聚落的物理属性来说，从布局伊始就需要考量通风和隔热问题，通过增进室内空气的对流，幽深的水乡巷道和民居内的天井符合自然通风原理，能够带走闷热和潮湿，从而解决散热和防潮的问题。负阴抱阳、背山面水的基本格局可以最大化利用区域气候特征，冬季背对寒冷的西北季风，夏季面对凉爽的东南季风，带来了舒适的聚落环境。

（3）选址的文化要求

理想的居住环境应该是北部群山峻岭，南有低山小丘，左右两侧有护山保卫，中间地带地势宽敞，并且有曲水环抱（图5-7）。正如风水典籍《丹经口诀》所写："阳宅须教择地形，背山面水称人心。山有来龙昂秀发，水须围抱作环形。"即三面环山、水口收紧、中间微凹、山水环绕。洞庭东西山屹立于太湖，四周为湖所绕，唐白居易称"洞庭山脚太湖心"。例如太湖中散落分布的古村落，通过山水空间结构与太湖保持自然的沟通方式。纵观11个太湖古村庄沿山呈指状分布，藏龙卧虎，兼收并蓄，形成良好的生态要素、较为完整的地理单元，体现了传统民居聚落在生态、形态和情态三方面的有机统一。受地域文化的

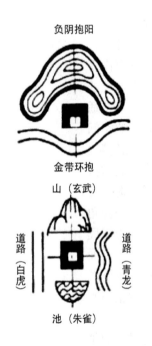

负阴抱阳

金带环抱

山（玄武）

道路（白虎）　道路（青龙）

池（朱雀）

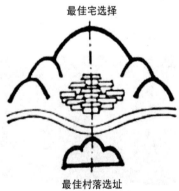

最佳宅选择

最佳村落选址

图 5-7　符合风水的理想选址

深刻影响，这些古村落的空间形态常常与某种带有强烈象征意义的意象相结合，如祈求吉祥顺遂的"船形、牛形、北斗七星"等意象。以西山景区的东村（图5-8）为例，村落布局横卧于两山之间，呈"卧龙"形，东西向街道恰似卧龙的"骨骼"，将村落内主要的视觉通道与太湖的方向保持一致，文化和聚落相融合的同时，巧妙依靠空间结构沟通了自然湖山风景，具有强烈的江南水乡特征。

2）融入自然山水的建筑景观

（1）空间与形式

江南水乡村落的建筑尊重自然条件，因地制宜，形成和谐的人地关系。作为系统化的传统水乡聚落建筑，本身就是由适应各种自然要素、利用各种自然要素的产物，按照这一逻辑分析，受益于区域内河湖密布的自然环境，江南水乡建筑普遍具有亲水性。尤其是民居建筑多依水而建，河道两旁的居民建筑临水开门开窗、组织交通，室内外空间实现有机渗透。同时，为了适应江南温暖湿润的气候，建筑一般是由天井、后院、穿堂构成的院落厅堂式布局，加之瓦顶、空斗墙、观音兜山脊或马头墙，形成了高低错落、粉墙黛瓦、庭院深深的建筑风貌[12]。

（2）结构与材料

河姆渡时期出现的干阑式建筑，架高了生活与居住面，下避虫蛇，并避免潮湿侵袭，开创了中国南方居住建筑的先河。濒水而建的水乡古镇，多受干阑式建筑的影响。干阑式建筑孕育了中国最早的木构建筑技术，并发展出榫卯技术，不但使木结构具备中国古代建筑最明显的特征——间架结构成为可能，而且使后来北方抬梁式建筑技术更趋完善[13]。干阑式建筑最终在江南发展成为穿斗架建筑，并且随着江南吴越移民的迁徙而遍布中国的大江南北。当然，中原建筑文化与技术的融入也使江南建筑受益匪浅，大大丰富了江南地区建筑的形式。

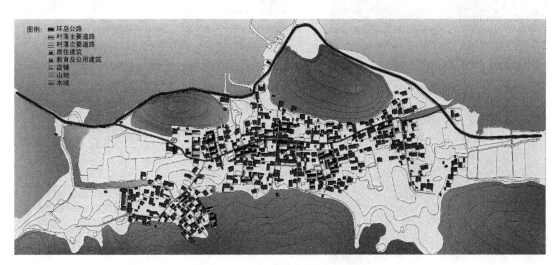

图5-8 西山景区东村现状平面图

为了适应江南地区夏季多雨、高温潮湿的气候特征，民居建筑采用院落围合的方式营造深巷、天井、连廊等空间类型，将室内和户外空间尽量沟通，有效遮蔽阳光暴晒的同时做到气流顺畅，利于解决通风、采光、透气、排水的问题，有效地调节了建筑室内的小气候[14]。民居内院天井呈狭长形，可以有效避免阳光的直接照射，从而间接采光，有利于减少辐射热。民居厅堂一般与廊道相连接，这样内外空间相互渗透，有利于空气的流动，且引导风的效果明显。

（3）装饰与文化

在建筑装饰方面，江南水乡建筑普遍具有细致精美、内涵丰富的特征，又加上以香山帮为代表的精工细作的技艺，使得江南水乡建筑装饰成为可以独立审美的艺术形式（图5-9）。从类型来看，江南水乡建筑包含了木雕、石雕、砖雕等雕刻形式，苏式彩画为代表的绘画形式，粉墙黛瓦的色彩形式等装饰手段。值得一提的是，江南建筑总体崇尚清雅柔美，但并不意味着缺少装饰，即使白墙素瓦也可以靠线脚纹样结合植物、湖石等配景，形成文化气息浓厚的小景，与建筑一起共同形成优美生动的艺术形象[15]。

江南水乡的建筑装饰技艺、风格都有着独特的一面，是我国古代建筑装饰的代表风格之一，江南水乡建筑不仅展示了高超的建造技术和绝美的装饰工艺，还体现了古代人民充满激情，无限迸发的创作智慧。以周庄古镇为例，环境优美，地段繁华，是许多从政经商及文人聚居的理想之地，因而有许多大宅，现存较好的有张厅、沈厅等。这些宅子的空间格局基本一致，空间观感也非常相似。譬如沈厅，各院落套接组

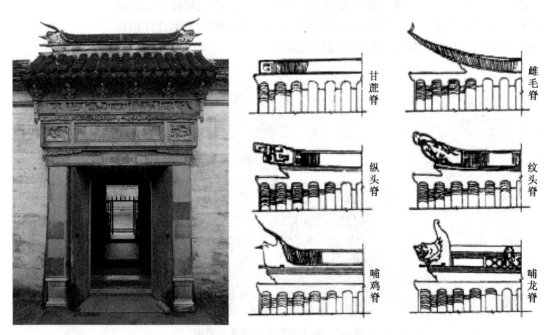

图5-9 明月湾古村落祠堂建筑装饰及屋脊形式举例

成院落组，共七进，占地面积大，序列明晰，等级分明，流线复杂而便利[16]。除了大宅之外，普通住宅随处可见，堂屋是住宅的核心，主要房间布置在轴线上，两厢为辅助房间。前院是住宅的次核心，承载入口交通、绿化休息活动、采风通光之功效。

3）体现自然特征的街巷空间

街巷是江南水乡聚落景观中与河流同样重要的组成部分，具有多种功能。在江南地区的传统村落中，街巷和河流塑造了聚落的形态，与居民生活有着密切的联系。街巷首先是聚落的交通线路，与河流配合满足居民出行需要；在河网密布的水乡，街巷是水乡居民重要的社交活动场所；同时街巷具有空间组织功能，通过形态不一的道路，建筑之间的巷道，纵横沟通，塑造水乡独特的空间体系；从平面的角度出发，街巷之间阡陌交通，幽远深邃，通过廊桥和河道完美的交融；江南水乡传统村落的街巷空间总体上来说规律明显，聚落内通过一些小的巷道连接街道和居住空间，在转折处多以漏窗、门楼来过渡，起到步移景异的空间效果[17]。

（1）街巷与水系

江南水乡的街巷与河流共同作用，塑造了具有地域特色的聚落空间。从布局来看，街巷与河流相互交错衔接，街巷与河流的交汇处形成公共空间，同时河流对于街巷具有基本的控制作用，引导街巷的方向随河流变化，在靠近河流的两侧形成类似"鱼刺骨"的街巷肌理。从具体功能来说，街巷与河流都具有交通的功能，江南水乡密布的河网成为极重要的交通手段，因此街巷与河流的连接处即是交通枢纽，往往形成码头、骑楼和廊桥等公共空间。横跨在河流之上的骑楼和廊桥也成为江南聚落景观特色元素之一。骑楼和廊桥与街巷相呼应，使整个街巷景观更加立体，同时也连接了各个街巷，成为不可分割的整体。得益于精工细作的江南建筑工艺，廊桥普遍雕刻精美，横跨水面，与周围水环境融为一体，兼具使用功能和形式美感（图5-10）。此外，从空间关系来说，街巷与水系的交错丰富了江南水乡的聚落空间层次，街头巷尾的水系景观造成视觉界面的变化，使原本狭窄的街巷空间有了不同的景观内容，改善了空间的感官体验，形成"小中见大"的江南传统园林空间塑造手法。

（2）街巷与民居

传统江南民居与街道关系和谐自然，从体量上来看街巷的高宽比较大，往往形成前导性的空间暗示性，使观者能更好地体会线性的空间结构。街巷空间直接来源于两侧建筑的聚落，或者说建筑与建筑之间的区域即为街巷。民居建筑的出入口处往往形成再次级尺度的巷子，或者在门内形成新的小空间，以弥合街巷和建筑的空间对接关系。受江南水乡灵活多样的空间组织形式和有限的建筑用地，民居内外的空间形象会呈现较大差异性，内部往往带有强烈的个性，或假山，或水池，而外部空间则低调简洁，体现出极强的建筑空间逻辑关系。错落的建筑形成了江南乡村聚落街巷纵横曲折、曲径通幽的空间形象。江南聚落的装饰手法精美

图 5-10　江南水乡丰富的滨水空间

图 5-11　江南水乡传统艺术

细致，建筑装饰中不仅有底蕴深厚的绘画、书法艺术，木雕、石雕和砖雕也无不精雕细琢、惟妙惟肖，且有着丰富的文化内涵，是江南民间艺术的基本门类（图5-11）。

　　4）宗族意识影响下的聚居形式

　　江南水乡村落作为具有悠久历史传承的人工聚落，其建筑布局、选址及空间结构营造与水乡宗族意识、民间风俗等地域文化紧密相连，村民的文化心理、宗教信仰、宗族制度、血缘观念等要素成为影响聚落空间布局的主观因素。江南水乡传统村落典型的居住方式是依宗族血缘关系聚族而居，延续一脉相承的宗族秩序，宗族组织是社会基层的管理机构，对于村落内一切事物都有着极具权威性的管理方式，血缘关系是宗族体系维系的最重要因素，正是因为有了血缘关系才有了亲疏远近的社会组织和宗法观念，在对内外事物的处理过程中，强化了居民对聚落事务、聚落文化的认同感和责任感[18]。血缘关系是维系宗族管理的基础，即使村落规模大小各异，但在宗族管理的约束下，其空间关系和生活秩序都保持和谐。

在以血缘关系为基础的宗族关系下，江南水乡村落呈现聚居性，主要体现在空间布局和组织关系两个方面。受聚居性的影响，聚落模式按照宗族及其下属的各支派来划分领域和组织生活。同时，村落的建筑组群由于受到血缘关系的影响，也大体显现出层次性和核心化，便于村落内部空间的组织和联系。

5.2.3 传统文化，受自然限制、顺应自然

1) 环境哲学观念

风水，又叫堪舆学，从名称就能理解古人是以文化的态度对待风水。风水也有"形法、地理、青囊、青乌或相宅"等名称，虽名称各异，但内涵指向却基本一致，即通常所说的"相地"，用于村落或者建筑开基选址。风水作为一种文化意识，离不开生活实践经验的积累，在趋利避害思维的引导下，人们逐渐形成了对理想空间的理解、感知及营造方式，这可视为风水产生的最直接原因。风水一度被曲解为传统文化的糟粕，与封建迷信混为一谈。以空间感知和营造的角度来看，风水兼顾了人们的精神世界和外部环境，有其可取之处，只要仔细辨别，风水是可以为当今的景观设计所利用的，理应使其成为"人类对自然环境进行选择和整理的一门学问，成为人类对自然景观与自身关系的一种评价系统和安排艺术，成为满足人们审美需要的一种价值取向，方能还风水以本来的面目"[19]。

"阴和阳"是我国传统文化体系中的一对矛盾，是传统文化认知世界、解决问题最重要的哲学概念。在风水学说中，"阴和阳"是空间方位的表达方式，"负阴抱阳，背山面水"是最为理想的环境模式。通过考察现存的江南传统水乡聚落，可以发现风水对于村落空间营造具有极其重要的意义：①"卜居"。卜居也称作卜筑、卜基等，是指按照风水学说所要求的方法选择建村的场地，选定的场地应尽量符合理想环境的条件。②"形局"。江南地区传统村落选址强调"主山龙脉和形局完整"。风水学说认为村落的所依之山应"来脉悠远，起伏蜿蜒"，成为一村"活力"的来源。同时，要求村基"形局完整，山环水抱"，是上乘的"藏风、聚气"之地[20]。③水龙。村落的影响因素中应有相对明显的自然条件，平原或少山村落可以水为龙脉。江南地区水网密集、河道纵横，古镇与水

有着丰富的联系。古镇大多分布于河道两岸，街市也傍河而起，在布局上亦随着河道的千折百转而呈现出不同的风貌。江南古镇因其别具特色的水系网络而各具形态，因此，水是江南古镇的"装扮师"，是影响其形象和环境景观的重要因子之一。④水口园林。水口是指对村落空间起决定作用的河流的进村处，往往对村落空间结构的组织起到重要作用。同时，由于水口处往往为出入村的重要交通节点，大多特别注重水口处的景观效果营造，从而出现了不少精巧别致的"水口园林"。江南地区乡村的水口园林较为突出，往往将江南传统园林的手法应用其中，以"变化丰富的水口地的自然山水为基础，因地制宜，巧于因借，适当构景，使山水、村舍、田野有机地融为一体"[21]。⑤景观组织。构景是指选址应注重景观要素的排列和组织，使其符合风水要求，优秀的村落选址在景观上的表现是"山川秀发""绿色荫翳"。正如理学家程颐所讲"何为地之美者？土色之光润。草木之茂盛。乃其验也"[20]。江南古镇家家临水，户户通舟，建筑鳞次栉比，街道清逸，农田遍布，共同形成江南水乡古镇独特的景观风貌。⑥风水完善与弥补。对于部分形局或格局上略有瑕疵的村基，风水学说中还有补救的说法，即通过一定手段优化或改善村落风水格局，以使村落获得较理想风水的方法。具体手段有引水聚财、植树补基、建塔"镇煞"或"兴文运"等。譬如，江南锦溪古镇保护区入口处的水系就属于"引水聚财"水体，两条支流向村镇内部蜿蜒延伸，对外则流至五保湖，从而形成丰富的空间变化。

　　2）宗族管理意识

　　祠堂，作为整个村落中最重要的公共建筑，地理位置优势明显，布局精整，精雕细刻，仪式感强烈。祠堂按等级一般分为"宗祠、支祠（又有总支祠、分支祠之分）、家祠三种，按祭祀对象可分为行祠、女祠、专祠、特祭祠等"[22]。宗族在传统村落中意味着社会组织形式和人们之间的地位关系，是乡村生活最为重要的社会关系基础。而宗祠（图5-12）又是宗族意识的物质载体，成为宗族处理日常事物的重要场所，因此传统村落往往以宗祠为核心展开村落空间布局，形成向心聚合的空间关系[23]。宗祠作为宗族制度文化的载体，是宗族凝聚力的标志，是维护

图5-12　江南水乡宗祠（明月湾）

宗法礼制的空间[24]。一般情况，宗祠位于村落中主道旁边。由于频繁举行公共活动以及出于防火的目的，宗祠一般也距离水源比较近。宗祠的社会地位使其成为控制聚落空间发展的重要因素，"宗祠在村落空间的具体布局主要存在两种情况，一是随着村落发展和民居的扩张，逐渐向村落中心推移，最终有可能发展为村落的中心"[25]，或村落发达之后进行宗祠重建，自然就保留在村口位置[4]。

自古以来，趋吉避凶的文化理念一直都是乡村社会的基本意识，人们总希望得到祖先或各种神灵的庇护。因此，用村落形态比拟吉祥物或者是星宿、神灵等的文化现象应运而生。这种现象是一种仿生文化。依据村镇当地的风情地貌、山水灵气等，比拟出与之相匹配的独立个体，这种个体就体现在村落的空间形态和布置等，例如，西山景区东村因平面呈犄角状而曾经被比拟为"蟹钳"；分别被称为龟城、凤凰城、鲤鱼城的苏州、杭州和泉州等，这种形象比拟经过漫长的历史沉淀后已成为聚落文化的一种。

3）土地制度

在农业文明社会下，土地制度能够反映人与人、人与地之间的关系，是生产关系的重要体现，是居民最基本的生存资源，对土地的占用程度体现了个人的权利和地位。不同的社会条件下，国家的土地制度也不一样，由此也对村落形态产生相应的影响。在江南地区传统村落中，一般由几户或几十户聚族而居形成，大多拱卫分散于集居型大村边缘的狭小地带，在空间形态上与大村形成"村—庄（小村）"景观[4]，形成这种分布格局的原因是因为封建土地制度。

受社会制度的影响，农民和地主天然地对土地进行追逐，江南地区虽然是全国最早产生资本主义萌芽的区域，但依旧体现出对土地集中和兼并的强烈特征。自明清以来，江南地区就出现了土地产权高度集中的现象。许多失去土地的农民迫于生计缘村聚族而居，于是"村—庄"景观的出现愈发普遍。另外还有一种情况，小部分村落由于人口少、买卖小、宗族竞争激烈等因素而没有发展起来，久而久之也可能会沦为此类村落，但不一定寄居于中心大村。土地制度决定了社会关系，失去土地的农民靠租种地主的土地过活，或者为地主种地赚取生活资料，出现了等级森严的社会结构，也在某种程度上决定了村落空间结构的特征。

5.3 江南地区乡村景观的特征总结

5.3.1 自然条件特征

江南水乡村落景观的物质资料产于自然，又归于自然。在传统江南水乡村落景观中，人类社会的一切物质资料都来源于自然，通过合理加工手段将从自然界获取的物质服务于人类；而自然作为人类社会的基底，

图 5-13　江南水乡就地取材的建筑材料

人类活动的一切产物又重回自然，以此实现人类社会与村落自然环境两个系统之间的有机沟通与循环，江南地区乡村景观成为一种与自然极为类似的重构"自然"。

自然界的物质资料通过生产活动进入人类社会，经由人类使用后又归于自然，实现循环。众所周知，小农经济是一种自给自足的经济模式，人类社会需要的衣食住行所需的物资都是从自然界获取。得益于江南地区优越的自然条件，人们充分利用河流之便，发展水田耕作，不仅大面积种植极为重要的粮食作物——水稻，而且广泛种植茶叶、柑橘、桑麻、油菜等经济作物，形成了富饶的"鱼米之乡"。在满足人类生存需求的同时，催生了地区经济的发展，为市镇的形成提供基础。反观，生产和生活产生的秸秆、动物粪便等"废物"，会成为农舍的燃料、农田的肥料，经微生物的分解回归自然。传统农业物质循环机制的可持续性就在于，系统的产物能够在系统中持续被利用或分解。

物质循环在人工聚落的形成和发展过程中表现得同样明显。构筑方式上，江南地区乡村建筑均为浅基础，最小限度地干扰原有自然条件，建筑废弃后场地可快速恢复自然状态。而聚落建设所用的构件和材料同样全部来自于自然，无论是土、木、石材，还是烧制的砖、陶等材料无不是对自然材料的加工和组合，均属于"就地取材"；小块的材料拼合成大块的材料，旧的材料会和新的材料拼合在一起，减少了材料废弃的情况；因此，乡村地区建筑材料的重复使用次数普遍较高，调研中常见不同建筑，不同时代的砖、石甚至木材等材料在同一建筑中出现（图5-13），可降解的材料被反复应用，直至磨损消耗殆尽，重又回归自然，体现出江南水乡聚落"循环建造"的特征[26]。

5.3.2　生产生活模式

能量的传递是乡村景观持续发展的保证，江南地区自然条件得天独

图 5-14　铺装与排水的结合

厚，传统乡村景观依靠自然过程完成能量从无机环境到有机物质的转换过程。从对居民生产生活的影响来说，江南地区乡村景观能量的传递分为以下两个层面：

1）农耕作业

农业生产经由水网、日照及土壤等自然媒介，通过植物的光合作用，将自然界的能量传递到供人类食用的粮食和经济作物，以物质转换的方式实现从无机到有机的农业生产转换。江南地区的"梅雨"是小农经济时代"靠天吃饭"的必备条件，长江中下游每年的"梅雨"为以水稻为主的农作物带来生长所需的足够水分；而 8—9 月的高温天气为农作物的生长带来足够的光照，使得江南地区出现双季稻、三季稻的种植。而传统的农耕作业正是对自然媒介的依赖使得能量的传递具有了顺应自然、遵守自然规律的特征，同时自然界水和温度的传导，维系了整个乡村生态系统。

2）聚落生活

聚落内部的能量需求更能体现人类社会与自然的关系。在江南乡村聚落，人类生活所需能量同样也来自自然条件，聚落的形成和发展依赖并有意识地模拟自然界空气、水对能量的传递过程，主要体现在江南乡村的聚落建筑理念上，建筑的温度、湿度及空气的控制更多地靠乡土材料、植被以及河流等带来的自然控制能力。同时，聚落产生的废水、废物也多依赖自然条件排除和分解。例如依河而建的民居，通过靠近水源解决生活用水问题，通过街巷的排水沟排掉废水（图 5-14），依靠河流解决大宗货物的交通运输问题，这些能量的使用符合江南乡村的地域条件，是基于自然、利用自然的能量传递方式。

5.3.3　聚落功能

江南地区乡村景观的功能呈混合存在的状态，具有明显的集成性，即在固定的空间内出现功能叠加或并置的情况。因此对乡村功能的探讨包括了乡村景观空间特征和功能混合特征两个相互联系、相互制约的方面。江南传统村落景观空间和功能不可分割，空间是实现功能的客观条件，是景观功能实现的基础；功能是定义和描述空间的决定要素，决定空间的属性。

1）聚落空间的流动性

江南乡村景观空间包括聚落空间和自然空间两部分，其中聚落空间具有明确的边界和多样化的功能属性，是本书探讨的重点。从空间私密性角度来说，除了私密的室内空间和开放性的室外空间外，还大量存在半私密的过渡性空间。灵活多样的过渡性空间是江南乡村聚落景观的重要特征之一。在高度聚集的江南水乡聚落，对空间的需求使得线性室外空间的界面逐渐弱化，代之以通透性更强的空间"标志物"①，增加了空间的渗透性。过渡性空间是指空间单元之间具有相互渗透的特征（图5-15），多个空间的相互渗透使得聚落空间具有了流动性，空间功能具备了随机性和不确定性，从而大大提高了空间的丰富度和使用效率，能够在有限的空间内实现复杂的功能转换。例如，江南乡村常见的檐廊，既具有交通功能，又是聚集活动的场所，同时还可以开展商业活动。聚落空间的流动性是聚落在平面上高度聚集的结果，符合空间自然生长的特征，反映出江南传统乡村聚落空间利用的可持续性。

2）乡村功能的复合性

乡村功能以农村生产和生活特征为出发点，江南水乡景观以农业生产为主，在此基础上围绕村民需求产生了居住、交通、休闲、商业、信仰及集会等多种功能。传统的江南乡村聚落功能具有复合性，是指除祭祀等少数需要特定空间的活动外，大部分生产和生活功能都可以在不同空间内实现，或者说一种功能可以对应多种空间，呈现出含混性和复合性的特征，体现出江南传统村落在功能实现方面的可持续性。例如，在调研过程中发现，本应在农田或者院子完成的农产品加工，常常会为了方便而选择在街头巷尾、村口广场甚至室内完成；而居民的家务也可以

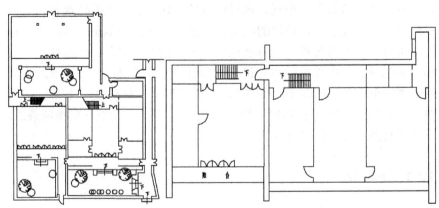

图 5-15 裕耕堂首层、二层平面图

由室内转到街巷、檐廊下实现。多重功能的并置与空间的流动性共同存在，为江南乡村景观生产生活带来了便捷，并且提供了足够的弹性以应对人口的增加，保证了江南传统村落景观的可持续发展。

5.3.4 空间模式

与我国其他区域的乡村聚落相比较，江南水乡的聚落形态具有典型的自然生长特征。空间自然生长，一方面指的是聚落空间随自然条件变化而变化，另一方面是指聚落空间的发展模式具有"非预估"及"非文本化"的特征，本书将其总结为"自然之序"和"人工之序"。

1）自然之序

江南水乡景观具有随自然条件变化而变化的特征，聚落空间的生长体现出自然的秩序特征，本质上来说是受限于自然条件，并且利用自然条件的结果（图5-16）。江南水乡聚落从选址阶段就充分顺应自然，合理考虑到河流、道路、地势及坡度等要素，选取符合风水的"理想场所"，空间上实现了与自然的和谐对接。村落景观有赖于自然生境②的生态服务功能，在温度、湿度等方面有着近似于自然景观的空间属性；而在聚落建成后又会模拟自然培育人工生境，水塘、农田、"风水林"和"水口园林"等人工景观与自然生境相互沟通，实现自然生境与聚落景观的有机融合。实际上，江南水乡密布的水网，是区域景观影响力最大的自然因素，从客观上约束了空间的生长模式，赋予了乡村聚落空间形态的结构形式。

2）人工之序

聚落空间的形态除了受自然要素影响之外，还取决于居民的实际功能需求，这是江南水乡聚落"自然式"演进途径的另一种表现形式[27]。在功能驱动下，村落空间发展模式具有"非文本化"特征，聚落发展没有预先完成的总体规划，而是从某个局部出发[28]，在解决局部问题的过程中，空间逐步生长并完善空间结构。空间生长的动力来自于乡村生产生活的需求，例如人口的增加需要更多的建筑满足居住和生产功能，受用地主权和聚居习惯的影响，往往会沿着原来民居的范围向外增加，由于无法保证增加的部分一定是规则的地块，聚落平面形态出现不同尺度

②生境属于生态学的概念，分类方法较多，本书参照王云才等人在景观研究中使用的观点，将江南地区乡村景观的生境概括为林地生境、草地生境及湿地生境三种。

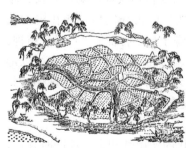 

图5-16　浙江湖州的桑基圩田景观

③聚落中建筑平面关系上的拼贴不仅限于尺度的差异，同时也会存在功能和形式上的差异。究其原因，自然式的空间生长受到聚落用地的限制，在河湖密布的江南，理想的建筑用地是稀缺的，只能"见缝插针"式的向外扩张。

④江南文化是和江南乡村景观同样具有极其广义性的概念，除了以非物质形式存在的风俗习惯、民间艺术、传统节日等文化要素外，江南文化还普遍反映在乡村聚落的方方面面，这同样是研究文化的重要线索。本书对"江南乡村景观文化"这个命题的探讨，更多地集中于江南乡村聚落的文化体现，包括聚落文化内涵、审美标准及形式意象等，即以聚落景观作为研究重心。同时，需要着重指出的是，在同受儒家文化影响的江南地区，不是不存在文化的"礼制"和秩序性，相反在家庭组织、宗族制度等方面依然是极有秩序性的，只不过本书为了区分江南和齐鲁、巴蜀、闽粤等地区文化差异的基础上，重点总结江南文化的自然意象特征。

图 5-17 西山景区明月湾古村景观的自然意象特征

建筑的拼贴③。自然式的空间生长是契合地域自然条件的模式，由简单的聚落模型不断组合并随自然条件生长，形成了相对密集的聚落"核"和松散的"边界"（图 5-17），有效促进了空间的多样化发展。人工聚落与自然环境和谐共处，体现了江南水乡景观的可持续发展模式，即被王澍称为"自然之道"的模式[29]。

5.3.5 乡土文化

作为文化形态的江南水乡，属于吴越文化体系，随着江南地区聚落的产生而产生，并在历史进程中融合了北方的中原文化，形成了独具风格的江南文化。江南文化发轫于商周时期，成型于春秋战国时期，并在魏晋南北朝、隋唐时期产生了重要的转型，逐步发展成为"刚柔并济、崇尚文教、开放包容"的文化类型[30]，成为中国传统文化的重要组成部分。江南水乡景观是地域文化和自然条件相结合的文化类型。与北方中原文化的"礼教"特征相比较，江南特有的气候、土壤及水文等条件决定了其文化的自然意象特征④。

1）"天人合一"的环境哲学

文化的自然意象是指江南乡村文化意识受自然条件影响，不仅在聚落景观方面体现出"天人合一""师法自然"的古朴气质，还在民间艺术、民风民俗等"非物质"景观方面表现出源于自然特征的"诗性"精神。江南"鱼米之乡"的经济生产方式与文化精神传统，是江南文化得以形成与延续的物质条件和社会基础[5]。江南水乡村民在遵守自然规律、利用自然规律的基础上发展出与自然和谐共处的哲学观念。

2）"师法自然"的审美意识

"越名教而任自然"，江南乡村景观文化的实用性和审美性同时存在，将从自然中习得的美学标准用于指导日常的生产和生活，使实用性和艺术性之间形成一种有机平衡和良性循环[5]，赋予了江南文化不同于我国其他地域文化的独特气质，有学者将这种气质定义为"审美—诗性"精神，以区别于北方黄河流域的"政治—伦理"精神[6]。在江南水乡，与自然意象有关的文化元素不胜枚举，不仅有形式丰富的农事节日、民风民俗、风土人情，同时产生了大量艺术形式和体育活动。例如，江南私家园林就是地域自然条件在人工环境的艺术投射，其中的建筑、理水、山石及植物造景都极力追求"虽由人作，宛自天开"的艺术特征，其中的"借景""框景"等艺术手法，更是对自然景观的直接利用；流行于常州一代的"船拳"，即来自于船上作业，归根结底同样受地域条件的影响。此外，从计成、文震亨、李渔等文人的著述中，可以窥见江南文化中园林、饮食、服饰及社交活动等方面对自然物产的利用状况。

作为一种以农耕文明为基础、自然生长的景观类型，江南地区乡村景观系统中物质和能量的动态传递是维系其景观特征重要的动力基础，决定了景观发展的可持续性；同时，以历史的观点来看，传统村落是不断随环境条件和人类活动的改变而逐步改变的。探讨江南地区乡村景观特征的重要环节就是如何定义"传统"的、"原型"的江南水乡村落，从乡村景观发展的角度来看，"原型"无疑也是开放的、动态的，因此本书从单纯寻求具体符号或"原型"的研究思路，转向描述江南水乡景观过程，结合当下"美丽乡村""新型城镇化"及"生态文明建设"等时代背景，为重新理解江南乡村聚落景观价值、景观特征及景观发展等一系列问题提供逻辑基础。

第 5 章参考文献

[1] 刘黎明.乡村景观规划[M].北京:中国农业大学出版社,2003:39.

[2] 王云才,韩丽莹,王春平.群落生态设计[M].北京:中国建筑工业出版社,2009:99.

[3] 邬建国.景观生态学——格局、过程、尺度与等级[M].北京:高等教育出版社,2007:106-124.

[4] 路季梅,刘洪顺.江南红壤丘陵区农业气候特点与作物生产的气候相宜性[J].南京农业大学学报,1999,22(2):15-20.

[5] 刘士林.江南文化与江南生活方式[J].绍兴文理学院学报(哲学社会科学),2008(2):25-33.

[6] 刘士林.江南与江南文化的界定及当代形态[J].江苏社会科学,2009(5):228-233.

[7] [日]藤井明.聚落探访[M].宁晶,译.北京:中国建筑工业出版社,2003:23.

[8] 姚志林.村落透视——江南村落空间形态构成浅析[J].建筑师,2005(3):48-55.

[9] 俞孔坚,李迪华,韩西丽,等.网络化和拼贴:拯救乡土村落生命之顺德马岗案例[J].景观设计研究,2007(1):26-33.

[10] 王灵芝.江南地区传统村落居住环境中诗性化景观营造研究[D].[硕士学位论文].杭州:浙江大学,2006:35.

[11] 吴晶晶.融合与超越——江南水乡古镇景观空间建设初探[D].[硕士学位论文].无锡:江南大学,2004:15.

[12] 张婧,马艳秋.江南古镇形象和环境的可持续发展研究[J].广西城镇建设,2009(7):99-102.

[13] 王媛.江南禅寺[M].上海:上海交通大学出版社,2009:9-10.

[14] 江俊美,丁少平,李小敏,等.解读江南古村落符号景观元素的设计[J].生态经济,2009(7):194-197.

[15] 吕东军.天人合一话江南[J].国土资源,2006(6):46-49.

[16] 段进,季松,王海宁.城镇空间解析:太湖流域古镇空间结构与形态[M].南京:东南大学出版社,2002:114-115.

[17] 李昉.乡土化景观研究——以江南地区为例[D]:[硕士学位论文].南京:南京林业大学,2007:37-38.

[18] 连蓓.江南乡土建筑组群与外部空间[D]:[硕士学位论文].合肥:合肥工业大学,2002:10-12.

[19] 斯陶.风水术与环境选择[M].济南:济南出版社,1998:6.

[20] 刘沛林.风水·中国人的环境观[M].上海:上海三联书店,1995:178.

[21] 陈威.景观新农村风水:乡村景观规划理论与方法[M].北京:中国电力出版社,2007:68.

[22] 黄山学院编辑部.徽州祠堂的规制[J].黄山学院学报,2007(6):122.

[23] 吴晓华,王水浪.江南古村落的景观价值及保护利用探讨[J].山西建筑,2008,34(2):28-29.

[24] 毕明岩.乡村文化基因传承路径研究——以江南地区村庄为例[D]:[硕士学位论文].苏州:苏州科技学院,2011:30-31.

[25] 朱永春.徽州建筑[M].合肥:安徽人民出版社,2005.

[26] 王澍,陆文宇.循环建造的诗意:建造一个与自然相似的世界[J].时代建筑,2012(2):66-69.

[27] 刘晓星.中国传统聚落形态的有机演进途径及其启示[J].城市规划学刊,2007(3):55-60.

[28] 王澍.自然形态的叙事与几何:宁波博物馆创作笔记[J].时代建筑,2009(3):66-78.

[29] 王澍.我们需要一种重新进入自然的哲学[J].世界建筑,2012(5):20-21.

[30] 景遐东.江南文化传统的形成及其主要特征[J].浙江师范大学学报(社会科学版),2006,31(4):13-19.

6 以吴中区为例的江南乡村景观变迁研究

景观动态变化是指景观结构、景观功能与空间格局随时间变化的情况，是景观生态学研究的核心问题之一。景观动态研究为乡村景观的现状分析与评价和景观动态演变规律的研究提供了依据，它是进行乡村景观规划与评价的前提和基础，主要意义有以下两方面：

（1）乡村景观格局演变特征的分析和评价

乡村景观格局是一个不断变化的概念，对其进行量化分析，解释景观格局变迁的具体规律，可以直观总结出景观内部各空间要素的变化程度和过程，从相对复杂的景观类型中探寻有价值的变化规律，从而明确人类活动对区域景观的干扰方式和强度，倒推出区域景观变迁的动力机制和来源，为乡村规划活动提供数据支持；同时为更合理地利用乡村景观，使其可持续地为人们服务，提供理论依据。

（2）监控各用地类型的动态变化，为乡村景观规划和设计提供指导

在对不同用地类型景观现状和演变规律分析的基础上进行景观动态的模拟研究，可以预测外界干扰给区域景观带来的具体影响和未来发展趋势，为乡村景观规划和设计提供科学依据，从而能够合理安排乡村土地和土地上的物质和空间；同时通过调整物流和能流的输入输出，改变景观格局，最终实现乡村景观的可持续发展。

6.1 吴中区概况

苏州市吴中区（图 6-1），古称吴县，是一个有着丰厚历史文化的区域。得益于苏州市的地理区位，吴中区在交通上与上海、南京、杭州、常州、无锡等周边大城市都有着便利的铁路、公路甚至航空路线联系；具体来看，吴中区在苏州市区的南部，西临太湖，东靠昆山，往南与吴江区相连，隔湖相望的是无锡市和浙江的湖州市。从行政区划上来看，吴中区占了太湖很大的比重，同时区内有着江南最全面的地貌类别，分别有水网平原、滨湖山地、湖

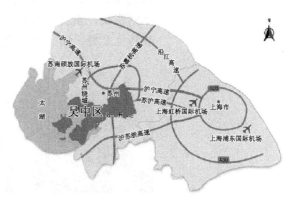

图 6-1 吴中区区位

中岛屿及低洼平原等类型，有着最典型的江南水乡景观，尤其适合作为本书的分析样本。吴中区内河湖纵横，湖山相连，气候湿润，四季分明，自然景观条件优越；同时作为有着两千多年历史姑苏城的一部分，吴中区自古以来就有丰富的人文资源，历史上无数文人墨客在此留下足迹和诗篇，成为吴中区最有特色的景观资源。吴中区内集聚了整个苏州市乃至江苏省重要的古村落景观资源，其中有东山、木渎和甪直三个国家历史文化名镇，金庭镇明月湾古村、东村古村和东山镇陆巷古村三个国家历史文化名村，此外还有金庭镇和光福镇两个江苏省历史文化名镇，区域内建筑文物不胜枚举，古街古巷俯拾皆是，保有较为典型的江南水乡聚落风貌，是研究江南地区水乡聚落景观的典型案例。鉴于吴中区地处苏南，区内经济发展迅速，为古村落的保护和利用提供了契机的同时，也引发了不少问题，以此作为江南乡村景观研究的典型案例是极具代表性的。

太湖地区早在六千年前就已种植稻麦，吴越时代范蠡撰写了我国第一部《养鱼经》，三国时宜兴"国山舛茶"已名传江南。唐时洞庭东山的柑橘、西山的"碧螺春"茶和宜兴的阳羡茶都被列为贡品，苏绣、宋锦、花边、陶瓷、雕塑、花卉盆景和园林艺术等随着历史的发展而誉满国内外，至今区域影响力不减。同时太湖流域也是我国近代民族工商业的摇篮，现为我国轻纺、电子工业基地和对外贸易基地之一。

6.1.1　自然资源

吴中区西临太湖，区域地理条件受太湖影响深刻。太湖是我国五大淡水湖之一，水域面积为 2 442.44 km²，整个湖面归江苏省所辖，湖岸线长约 400 km。其中江苏 340 km，浙江 60 km。太湖周边山脉来自天目山，由宜兴入湖，融为山川丘陵，湖中原有大小岛屿 90 多个，誉称"七十二峰"，经过历史变迁，现有 51 个岛屿，总面积为 89.7 km²，沿湖山脉面积为 123.72 km²。大部分山峰都在 100—300 m，沿湖与湖中最高为穹窿山 341.7 m，次为洞庭缥缈峰 336.6 m，洞庭东山莫厘峰 293.6 m 和马迹山冠峰 265.4 m，其他地区比较平坦，自西向东缓倾，东部平原地区湖荡水网密布，素有"水乡泽国"之称，从而构成了太湖平山远水的地形地貌特征及清、幽、秀、雅的风格（图 6-2、图 6-3）。

图 6-2　西山景区缥缈峰　　　　　　图 6-3　西山景区太湖古栈道

6.1.2 地域文化

吴越文化绵延数千年，把秦汉时期的蛮夷之邦造就成汉魏以来中国文化历史长河中的文化奇观。吴越文化的审美基底是细腻柔美的，吴越民风的特质表现在对生活细节与品质的艺术化追求，而得天独厚的太湖地域环境给吴越文化的滋生提供了肥沃的土壤。

太湖风景区的文化景观资源是在吴越文化与太湖自然地貌作用下共同形成的，其丰富多样，用"杂花生树，群英乱飞"也不足以概括，具体可以归纳为以下几类：①湖岛古镇古村。太湖十三景区中的六个古镇景区全部在苏州，江南水乡特征鲜明，并且东西山这两个太湖岛屿，同时汇聚了丰富的山水地貌环境与大量的古村落文化遗产，是苏州太湖风景区独特的景观资源。②民俗文化遗产。太湖的非物质文化遗产非常丰厚并且集中，而且水乡居民传统的生活方式独具特色，是太湖风景区有待深度挖掘的宝贵财富。③吴越历史文化。太湖风景区留下了众多吴越历史的典故传说，一千余年后的北宋南渡又给这里染上了浓重的印记，留下众多遗存古迹，极大地推动了太湖区域的发展，这两段历史使太湖风景区历史文化底蕴深厚隽永、个性鲜明。④自然生态景观。太湖风景区自古便是游览名胜之地，具有较高的审美价值与生态价值，主要有湖岸线自然景观、湿地生态景观、山林岛屿景观等几种类型，并且乡土田园风趣，具有江南水乡独特的植物景观。

本书根据上述四个方面，概括性地把太湖风景区的自然景观资源与文化遗产梳理分类。其中，自然生态景观体现在以水域、岸线、岛屿、湿地和山林植被所构筑的自然风光；历史文化景观体现在以吴越史迹为导线而串联起来的吴越文化古迹；古村古镇景观体现在典型江南水乡古镇和珍贵的明清建筑所构成的人文景观；民俗文化景观体现在以吴越民俗、传统手工技艺、戏曲等口头艺术、饮食服饰、传说民谣等部分所构成的非物质文化（图6-4、图6-5，表6-1）。

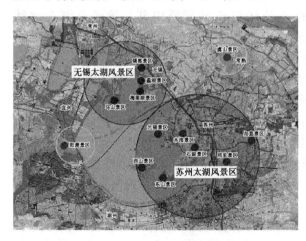

图6-4 太湖景区分布

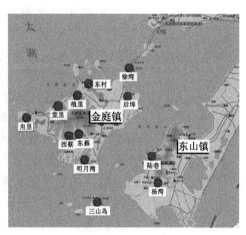

图6-5 太湖古村落分布图

表 6-1　吴中区风景资源分类

	文化类型	风景特征	代表景点
自然生态景观	太湖山水	以秀、雅著称的山水交融、构图秀雅	梅梁湖、蠡湖、石湖
	湿地生态	田园野趣的湿地景观，候鸟栖息地	虞山景区
	植物文化	饭稻羹鱼、桑蚕养殖以及有千百年的古树名木和繁花似锦、硕果满山的传统植物景观	光福香雪海、林屋梅海以及油菜花、柑橘等乡土植物
湖岛古镇古村景观	古镇文化	水网密布、舟楫往来、粉墙黛瓦，是太湖古镇的象征符号。各种古典园林、古桥梁和明清古建筑群	同里、周庄、甪直、木渎等
	古村文化	小桥流水、绿树人家、稻香桑茂、碧波繁花的江南田园风光以及丰富的传统建筑文化	西山景区
	建筑文化	粉墙黛瓦、结构轻盈、临水而建、深巷小弄、马头高墙，具有独特的建筑与雕花工艺	东西山雕花楼；蒯祥等人所代表的香山帮建筑技艺
	园林文化	含蓄淡雅，以小中见大、咫尺重深的风格追求壶中天地的意境。文人参与造园，文、画、园三者意境相通，造园理论和建造手法自成理论体系	同里退思园、无锡寄畅园
吴越历史文化景观	墓葬文化	曾经的吴越古战场、名人墓葬地	马山景区
	吴越遗迹	吴越文化留下大量的名人遗迹与历史传说。文人雅士辈出，也留下大量碑褐石刻、诗词著作	石湖景区、木渎景区等
民俗文化遗产景观	饮食文化	以苏菜以及太湖特产为代表的太湖饮食文化	锡惠手工艺与饮食文化
	戏曲文化	以昆曲为代表，雅俗共赏，濒临失传	昆曲、越剧、竹枝词、吴歌等
	民俗文化	传统节令、耕织蚕桑、水乡生活风俗，传统的饮食、服饰、手工技艺等多依存于民俗文化	光福核雕、东山碧螺春、甪直水乡服饰文化、阳羡陶瓷文化

6.1.3　风景资源

太湖风景名胜区位于长江三角洲平原中部，景区范围在北纬31°31′24″—31°11′24″，东经 120°10′42″—120°21′54″。界于江、浙两省接壤处，是上海经济区的"金三角"中最大的"绿地"，周围群星捧月一般分布着淀泖湖群、阳澄湖群、洮滆湖，与常州、无锡、苏州、湖州四个城市直接相连，邻近有上海、杭州、镇江、南京等大中城市。以太湖、沿湖山脉和内湖为主体，包括苏州、无锡两市和常熟、吴江、宜兴三个县级市的风景区域。周围有苏州、无锡两市作为依托，北濒沪宁铁路和京杭大运河，沿湖四周有公路干道环通，水陆交通十分便利。

太湖风景名胜区作为具有丰富自然和人文资源的风景区，是我国第一批国家级风景名胜区，早在 1982 年就由国务院颁布。太湖风景名胜区一方面是区域内极为重要的自然景观资源，拥有太湖水域、平原水网、滨湖山地等多种地貌类型，动植物资源丰富，也是区域生态气候重要的调节要素；同时，太湖流域也是我国吴越文化的发源地，其中江南水乡已成为最具典型性的文化景观意象。近年来随着旅游开发的加速，太湖风景区已建立了一个完整的旅游资源体系，包括了古村古镇、江南水乡、湖山风光等多种旅游资源，其中景区总面积超过 880 km²，景区内有 50 个乡镇，人口总量超过 50 万人。

景观格局的动态变化研究，对于研究乡村景观的变化规律具有重要意义，是景观生态学研究的核心问题之一。区域景观变化受到内力和外力的共同作用，各种景观要素之间互相作用、相互影响，迫使景观"从一种状态转到另一种状态"[1-2]。景观状态发生变化，往往是由内部矛盾引起，例如乡村景观中居民的生产生活需求和外部环境之间的矛盾，会造成乡村景观面貌的重大变化；外因引起内因发生作用，也是常见的变化形式，如乡村景观格局的变迁往往是外部干扰引起的，然后受到干扰的景观格局会带来新的景观功能，最终继续作用于景观面貌，实现变迁的全过程。景观格局的变化，进一步破坏了景观系统内部能量流动的稳定性，进而对一定区域内的生态过程产生深刻影响，景观功能随之产生变化[3-4]。开展景观变化及其生态环境效应的研究对于揭示景观演替的机制与规律、探寻人类活动与生态环境演变之间的关系具有重要意义[5]。本书选择吴中区主要土地利用类型的景观格局指数进行研究，即力求通过对具体量化指标的探讨，实现对景观变迁的理性认知。

6.2 景观格局动态变化过程分析

利用 ERDAS（遥感图像处理系统软件）的矩阵分析功能（Matrix），将 2000 年和 2014 年两期景观格局图进行重叠，获取景观类型转移矩阵。然后，将景观分类矢量数据导入 ArcGIS 软件（地理信息系统软件），利用景观分析软件 Fragstats 3.3 计算四期景观指数，以此分析 2000—2014 年研究区景观格局变迁的具体情况（图 6-6）。

6.2.1 景观类型转移模式分析

景观类型在不同时间阶段的转移，可以分为三种情况进行研究：其一是对比研究两个时期内同种景观类型的面积变化；其二，研究前一时期景观类型向后一时期转移的比率；其三，研究当前时期内景观类型由前一时期转移来源的比率。景观类型面积的转移矩阵能够客观反映出这三种研究需求。不同时间间的土地利用类型面积的转移，有三个指标可以描述：其一，横向对比两个时期内用地类型面积的数量变化；其二，考察同一用地类型不同时期

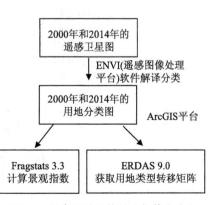

图 6-6 吴中区景观格局分析技术路线

面积的变化，即后一阶段面积与前一阶段面积相比较的具体结果。其三，研究后一阶段面积变化与前一阶段的联系，是否有转移的情况，转移的比率是多少。土地利用类型的面积转移矩阵是较为方便且直观的做法，通过转移矩阵，可以明确不同土地利用类型的动态变化，也包括不同时期景观类型的转移比率和变化幅度。

经计算得出，2000 年吴中区林地、草地、水体、耕地以及建设用地面积分别为 10 074.69 hm²、14 840.19 hm²、160 139.88 hm²、48 557.88 hm² 和 16 056.9 hm²，各占研究区域总面积的 4.04%、5.94%、64.14%、19.45% 和 6.43%，而未利用地仅为 2.25 hm²。对比来看，到 2014 年，吴中区土地利用情况发生较大改变，林地、草地、水体、耕地、建设用地面积分别为 11 320.29 hm²、16 069.05 hm²、160 456.5 hm²、19 902.42 hm² 和 41 797.98 hm²，各占研究区域总面积的 4.54%、6.44%、64.30%、7.98% 和 16.74%，未利用地面积为 125.55 hm²。从土地利用类型面积比例来看，在 2000 年耕地是除水体外占比最大的用地类型，但到 2014 年，建设用地面积大幅增加，成为除了水体以外占比最大的用地类型。

6.2.2 土地利用结构变化特征

2000—2014 年吴中区土地利用状况发生显著的变化（图 6-7），主要表现在建设用地面积快速增加，耕地面积大幅减少，草地、林地以及水体面积小幅度增加。2000—2014 年，吴中区建设用地面积从 16 056.9 hm² 增加到 41 797.98 hm²，增加了 1.6 倍，年均递增 7.07%；耕地从 2000 年的 48 557.88 hm² 减少到 2014 年的 19 902.42 hm²，净减少 28 655.46 hm²，年均减少 2 046.82 hm²；水体面积从 160 139.88 hm² 增加到 160 456.5 hm²，增加 316.62 hm²；草地和林地面积略有增加，草地面积从 14 840.19 hm² 增加到 16 069.05 hm²，增加 8.28%；2014 年林地面积比 2000 年增加了 1 245.6 hm²；未利用地净变化面积不大，但其基数较小，故而变化率较大，由 2000 年的 2.25 hm² 增加到 2014 年的 125.55 hm²。

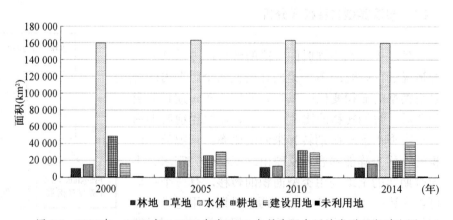

图 6-7　2000 年、2005 年、2010 年和 2014 年吴中区各用地类型面积对比图

通过图 6-7 可见，耕地面积的减少和建设用地的增加，出现了 2000—2005 年及 2010—2014 年两个阶段的高峰，期间这两种用地类型的变化幅度要远高于其他时期，而耕地面积则在 2005—2010 年期间有显著的增加。

6.2.3 土地利用类型转移特征

2000—2014 年吴中区土地利用类型转移的马尔科夫转移矩阵如表 6-2 所示（仅体现土地利用类型的最终转移结果，不反映转移的中间过程）。从不同土地利用类型的转移模式来看，2000—2014 年吴中区建设用地的增加主要来源于耕地，有 248 719 hm^2 的耕地在此期间转化为建设用地，占耕地流失总面积的 58.28% 和建设用地净增加面积的 71.61%；耕地除主要转化为建设用地外，还有不少面积转化为草地，达 112 809 hm^2，占耕地流失总面积的 26.43%，除此之外还有少量耕地转化为林地和水体，分别有 21 610 hm^2 和 42 561 hm^2。草地的减少主要转化为建设用地、耕地和林地，三者总面积达 128 096 hm^2，合占草地流失总面积的 98.66%。林地的减少面积主要去向为耕地和建设用地，二者总面积达 19 298 hm^2，合占林地流失总面积的 89.81%。从总体上可以看出建设用地成为其他土地利用类型流失的主要去向。

表 6-2　2000—2014 年吴中区土地利用类型转移矩阵（hm^2）

土地利用	林地	草地	水体	耕地	建设用地	未利用地
林地	90 454	1 671	416	16 548	2 750	102
草地	11 721	35 049	1 707	44 147	72 228	39
水体	0	2 391	1 736 423	16 691	23 624	203
耕地	21 610	112 809	42 561	112 788	248 719	1 045
建设用地	1 996	26 623	1 743	30 964	117 078	6
未利用地	0	2	0	0	23	0

6.2.4 结论与讨论

（1）从总体上看，2000—2014 年，吴中区土地利用变化的主要特点是，建设用地面积快速增加，耕地面积大幅减少，林地、草地等其他用地类型小幅增加。耕地成为土地利用流失的主要"源"而建设用地成为土地利用流失的主要"汇"。究其原因可归结为如下几个方面：① 2000—2014 年吴中区总人口从 56.9 万人增加至 62.45 万人，增长 9.75%；国内生产总值从 117.38 亿元增加至 915.18 亿元，增长 6.8 倍。人口增长和经济快速发展导致对居住用地、交通建设用地、企业建设用地等的需求量增加。②吴中区乡镇企业众多，因此在乡村区域除了村民改善居住条件的驱使外，农村小企业占地也是耕地面积减少的重要原因；此外，在古镇古村等景区，由于疏于管理及缺乏统一规划等众多原因，出现老宅废弃、另辟新宅的现象，同时超标占地、一户多宅的现象也较为普遍，这些现象造成了吴中区农村建设用地的扩张和耕地面积的减少。③吴中区地处太湖风景名胜区，近年来大力发展旅游业，在此基础上出现数量较为可观的各类农业生态园和观光园，因此以经济果树为主的林地面积略有增加。

（2）2000—2014 年，吴中区土地利用处于较快速变化时期，但总体来看土地利用类型变化表现出较为明显的时间和空间不均衡性（图 6-8）。2000—2005 年，土地利用变化的数量和强度明显出现了一个小高峰，以耕地面积的迅速减少和建设用地面积的快速增加为代表；2005—2010 年

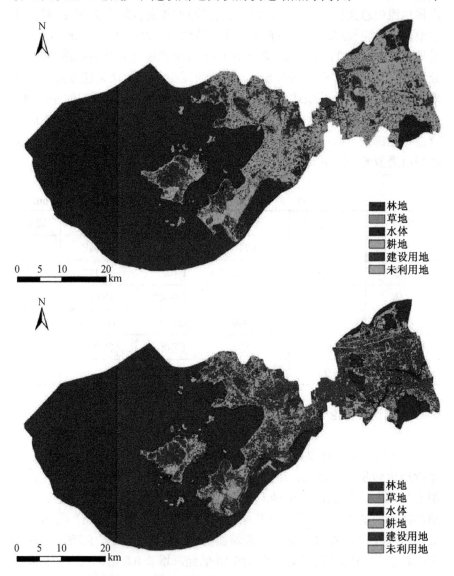

图 6-8　2000 年、2014 年吴中区各用地类型分布对比图

各用地类型呈现出相对稳定的趋势。导致这一现象产生的主要原因是经济发展的时空差异，苏南地区经济繁荣，2000年以来外资加速引入，各工业园区快速建成，工业用地明显增加；2010年前后受旅游业快速发展的影响，吴中区内的古镇古村、山水风光等旅游资源逐步开发，旅游服务设施的兴建也是建设用地增加的重要原因；但此时无论是政府还是居民都已认识到生态环境的重要性，相关建设活动较为规范和理性，因此用地变化幅度呈现平稳状态。

6.3 吴中区景观格局时空变化特征分析

6.3.1 景观格局指数的选取及其意义

选取适当的格局指数对景观空间特征进行描述，是景观空间格局结构研究的依据和方向[6]。本书研究中对吴中区土地利用类型进行划分和描述（图6-9至图6-11），选取三个层次的指数：斑块水平指数（Patch-Level Index）、斑块类型水平指数（Class-Level Index）、景观水平指数

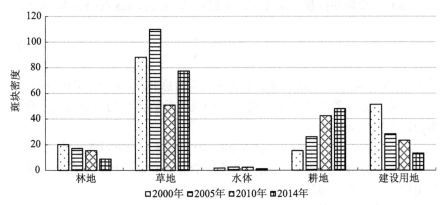

图6-9　2000年、2005年、2010年和2014年吴中区各用地类型斑块密度对比图

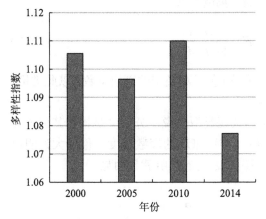

图6-10　2000年、2005年、2010年和2014年吴中区各用地类型多样性对比图

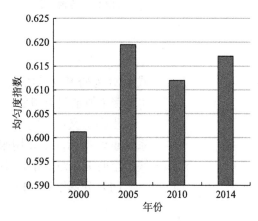

图6-11　2000年、2005年、2010年和2014年吴中区各用地类型斑块均匀度对比图

（Landscape-Level Index）。利用 Fragists 软件计算吴中区这三个层次的具体指数。斑块水平指数是计算类型指数和景观水平指数的基础性数据[7]，对于描述斑块之间的具体联系意义不大，因此本书着重计算后面两个层次的景观指数。结合吴中区地域特征选取了以下指数，以期对该区域景观特征进行客观描述。

（1）斑块密度（Patch Density，PD）

$$PD = \frac{A}{N} \times 10\ 000 \times 100 \tag{6-1}$$

式中，N 是景观中斑块数目之和，单位为个；A 为景观总面积，单位为平方米（m^2）；"$\times 10\ 000 \times 100$"即转换为每 100 hm^2 内的斑块数量。此公式反映的是"土地利用类型斑块空间分布的均匀程度"。PD 的单位为个 /100 hm^2。

生态意义：斑块密度指数是较为直观反映研究区域内斑块数量与面积关系的指数，即区域被不同类型土地覆盖划分的破碎程度。值越大，斑块越细碎，说明区域内干扰越强烈，各斑块间的关系越均衡。

（2）平均斑块面积（Mean Patch Size /Average Area Per Patch，MPS）

$$MPS = \frac{A}{N} \tag{6-2}$$

式中，A 表示某一景观类型或土地利用类型的总面积，单位为公顷（hm^2）；N 表示某一景观类型或土地利用类型的斑块总数，平均斑块面积的单位为公顷 / 个（hm^2/ 个）。

生态意义：平均斑块面积是描述景观要素水平分布状况的重要指标，从景观生态学角度来说，反映的是能量的分布状况。可用来阐述吴中区各用地类型水平分布情况。

（3）分离度指数（Separate Index，S）

此处参考陈利顶等[8]计算的分离度公式

$$F_i = \frac{\sqrt{n/A}}{2(A_i/A)} \tag{6-3}$$

式中，A 为研究区域的总面积；n 为第 i 种景观类型的斑块总数。以此类推，A_i 为第 i 种景观类型所占的面积。

生态意义：对于水平分布的景观类型来说，分离度是描述其位置关系的重要指标，主要用来说明统一类型斑块的聚散程度。值越大说明斑块的空间关系越分散，不同类型斑块之间的影响就越明显。

（4）分形维数（Fractal）

$$F_d = \frac{2\ln \dfrac{P}{4}}{\ln (A)} \tag{6-4}$$

式中，F_d 为分形维数；ln 为取对数；P 为斑块周长；A 为斑块面积。

生态意义：分形维数的值在 1 至 2 之间，值越趋近于 1，斑块的自相似性就越强，斑块的形状越接近几何形，也就越规律，表明此种斑块受到人为控制的可能性越大，受干扰的程度越大。

（5）香农多样性指数（Shannon's Diversity Index，SHDI）

香农多样性指数是一个在景观水平上的指标，其公式为

$$H = -\sum_{i=1}^{n} P_i \times \ln(P_i) \tag{6-5}$$

式中，P_i 表示景观类型 i 所占景观总面积的比例；n 表示景观中景观类型的数量。

生态意义：香农多样性也就是景观多样性，描述的是景观类型或用地类型在空间结构、景观功能方面的多样化程度，可以反映景观或土地类型的复杂程度[9]。

多样性指数值的大小，取决于区域内景观类型的数量和分布均匀程度。直观理解，多样性指数表述的是某一斑块在一定区域内出现的次数或概率，当区域内仅有一种景观类型时，多样性指数的值为 0，即多样性最弱；当区域内景观类型大于 1，且各类型面积比例相对等时，多样性指数达到最大值。一定区域内景观类型的数量和面积占比的动态变化也可以此为参照。

（6）均匀度指数（Uniformity）

$$E = \frac{H}{H_{\max}} = \frac{-\sum_{i=1}^{n} P_i \times \ln(P_i)}{\ln(n)} \tag{6-6}$$

式中，P_i 表示景观类型 i 所占景观总面积的比例；n 表示景观中景观类型总数；max 意为最大。

生态意义：均匀度指数反映的是景观类型的差异性，具体指某个区域内不同景观类型在数量和面积方面的差异性。最大值为 1，最小值为 0，当各个景观类型面积差异越大时，值越低；各景观类型的数量和面积差异越小时，值越大。可以用来阐述景观组合中各单个类型的均匀程度，值越大说明区域内缺少优势景观类型，各类型分布较均匀。

（7）景观类型破碎度指数（Landscape Type Fragmentation Index）

本书用单位面积上的斑块数目之比表示景观类型破碎度[10]。

$$P_t = \frac{N}{A} \tag{6-7}$$

式中，A 为景观类型 t 的总面积，单位为公顷（hm^2）；P 为景观类型 t 的破碎度指数；N 为景观类型 t 的斑块总数。

生态意义：在单位面积的景观区域内，景观要素被以何种形式区分

或划分，可以用"破碎度"来表示，是景观要素在景观平面上组合关系的复杂程度，往往能反映外界对景观结构的干扰程度。因此景观破碎度也被视为景观分割细碎程度的描述方法，其值的大小与斑块数量成正比，与平均斑块面积成反比，是描述景观在外力作用下的具体表现。值越小，表示受干扰程度越低，最小为 0；值越大，说明破坏程度越深，最大为 1。

（8）优势度指数（Dominance）

$$D = H_{\max} + \sum_{i=1}^{n} P_i \ln（P_i）\tag{6-8}$$

式中，n 为景观类型的总数；i 为某一具体的景观类型。

生态意义：直观来看，优势度是指景观类型的偏离程度，或者说某种景观类型对区域景观的控制程度。值越大，表示某一类或者某几类少数景观类型占据优势，组成区域景观的要素之间差异性大；优势度越小则说明构成区域景观的各类要素占比大致相近，无明显控制性景观出现，最小值可为 0，表示该区域内景观完全均质。

6.3.2 区域总体景观格局变化分析

2000—2014 年吴中区景观多样性呈明显降低趋势，而斑块均匀度呈现明显提高的趋势。这反映出吴中区景观异质化程度在这一时期总体呈下降的趋势，各用地类型所占面积之间的比例差异减小。其中 2000—2005 年景观多样性指数仅有小幅降低，相比之下均匀度指数呈快速上升趋势；之后到 2010 年多样性略有提升，均匀度缓慢下降到 0.612；到 2014 年多样性有大幅降低的趋势，而均匀度指数又逐渐恢复到接近 2005年的水平。结果表明吴中区各用地类型受人为干扰较为明显，各景观类型呈现均衡化的趋势，间接反映吴中区城市化进程的加速发展。

从图 6-12 可见，吴中区耕地景观破碎度在增加，除了耕地之外用地类型的景观破碎程度均在减小。2000—2014 年，林地和建设用地的斑块密度呈逐年减小的趋势，而耕地斑块密度则相反，呈逐年增大趋势；

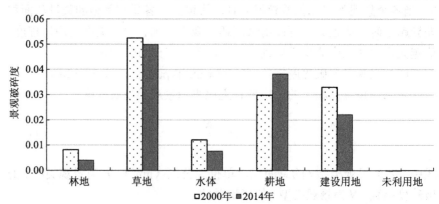

图 6-12　2000 年、2014 年吴中区各用地类型景观破碎度指数对比图

草地斑块密度起伏较大，其中 2010 年明显低于其他年份，出现 2000—2005 年和 2010—2014 年的两次上涨趋势。从 2000—2014 年吴中区各用地类型的斑块密度对比来看，单位面积内的斑块数量逐年增加，耕地斑块呈细碎化趋势；而林地和建设用地在单位面积内的斑块数量逐年减小，这充分反映了在此期间建设用地的扩展呈集聚式发展，而林地斑块密度变化的主要原因则在于近年来区域内经济林的发展。

图 6-12 显示，除耕地以外的其他用地类型景观破碎度都有所减少，其中建设用地的降幅最为明显，林地、水体、草地的破碎度也有所降低。耕地的斑块破碎度有明显增加，增幅达到 15.7%。因此，2000—2014 年，吴中区总体景观破碎程度呈降低趋势，而降低的主要原因是建设用地、林地、水体、草地等用地类型的斑块面积增大。对比分析吴中区 2000 年和 2014 年各用地类型的景观分维度指数（图 6-13），整体来看各用地类型分维度指数都较低（低于 1.050），均接近于 1，表明吴中区各用地类型斑块的几何形状越趋近于简单，受干扰的程度越大，即吴中区各用地类型的斑块受人为干扰程度较高。具体来看，各用地类型中林地分维度指数变化较大，达到 12.2%；建设用地分维度出现明显降低的情况，降幅为 8.7%；而草地、耕地及未利用地的分维度指数变化幅度较小。通过分析图 6-13 可知，2000—2014 年，吴中区各用地类型人为干扰程度都较强，各斑块边界形状趋于规则，自相似性较强，且除林地和建设用地之外，变化幅度不大。

根据图 6-14 显示，吴中区各用地类型 2000—2014 年的景观分离度指数变化不明显，仅有耕地和建设用地略有变化：耕地分离度指数有微弱下降，而建设用地的分离度指数略有上升。分离度指数体现的是研究区域景观镶嵌体中同一景观类型的不同斑块个体的分布情况，其分离度越大，表示该景观类型的斑块分布越分散，不同景观类型之间的演替就越频繁。由于图片内容表现的是 2000 年和 2014 年的分离度指数对比，不能体现研究区域完整的变化规律，需要借助于更为详细的数据说明近14 年来吴中区的景观分离度变化规律。

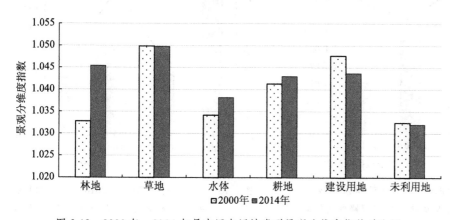

图 6-13　2000 年、2014 年吴中区各用地类型景观分维度指数对比图

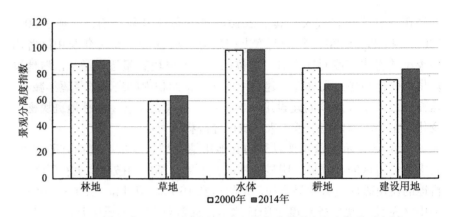

图 6-14　2000 年、2014 年吴中区各用地类型景观分离度指数对比图

6.3.3　不同景观类型景观格局变化分析

1）耕地

2000—2014 年，吴中区范围内耕地面积呈现大幅减少的趋势，与此同时，2014 年吴中区耕地平均斑块面积较 2000 年减小 67.9%（图 6-15），除 2005—2010 年期间出现小幅度上升外，总体趋势在浮动中逐年减小；与平均斑块面积相反，耕地景观破碎度呈现较大起伏，在 2005 年到达 0.043 4 的峰值，2005—2010 年期间有小幅下降，2014 年又回升至 0.038 2。这说明吴中区耕地斑块被分割细碎，内部结构复杂，受人类活动的影响深刻。在耕地斑块破碎化程度加剧的同时，耕地斑块分离度也呈下降趋势。图 6-16 显示吴中区耕地用地类型总体呈集聚趋势，耕地斑块分布相对集中且形状较规则，意味着村落分布更为集中，耕地出现不连续的分布现象。

2000—2014 年，吴中区所处的苏南地区，经历着剧烈的经济转型和空间变动，农业生产在此期间逐步从乡村聚落中剥离出去。2000 年以后，

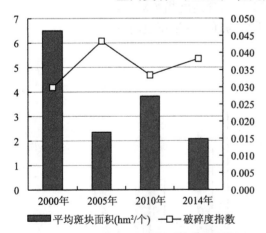

图 6-15　2000 年、2005 年、2010 年和 2014 年吴中区耕地平均斑块面积和破碎度指数对比图

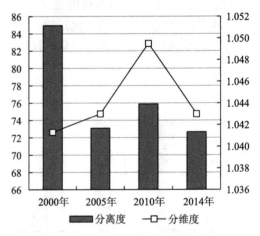

图 6-16　2000 年、2005 年、2010 年和 2014 年吴中区耕地分离度和分维度指数对比图

吴中区耕地经历着激烈的变化过程。一方面，城市化进程加速推进，大量耕地转化为建设用地；另一方面，乡村内部产业结构发生根本变化，新的农用地流转政策从根本上冲击了乡村聚落的结构形式。例如 2002 年吴中区胥口镇农村土地股份合作制试点改革。2005 年苏州市出台了《关于积极探索农村土地股份合作制改革的实施意见》（苏办发〔2005〕74 号）。通过土地资源资产化、资本资产化、资本股份化，实现农民变股民、实物形态分地向价值形态分地的转变[11]。

2）水体

水体是吴中区面积最大的景观类型，2000 年吴中区水体的面积为 160 139.88 hm²，到 2014 年增加到 160 456.5 hm²，净增加 316.62 hm²，总体变化幅度不大。平均斑块面积由 2000 年的 52.9 hm²/个增长为 2014 年的 83.7 hm²/个，其中 2000—2010 年，吴中区水体的平均斑块面积呈减小趋势，2010—2014 年又快速上升，变化幅度较大；破碎度由 2000 年的 0.012 1 降低为 2014 年的 0.007 7，降低幅度为 36.36%；但具体来看，2000—2010 年水体景观破碎度呈上升趋势，2010—2014 年开始快速下降（图 6-17）。以上表明在此期间，吴中区水体景观总体呈现集聚趋势。2000 年，水体景观类型的分离度和分维度指数分别为 98.822 和 1.034 2，到 2014 年为 99.190 3 和 1.038 2（图 6-18），变化幅度不大，可见水体的空间分布形式并未发生大的改变，表明在此期间，吴中区水体斑块的变化较为剧烈，在不同阶段有着不同的表现形式。2000 年前后吴中区水域在原来渔业、农业生产的功能基础上开始有所转变，相关建设活动对水体形态影响较大，造成了平均斑块面积的下降；但进入 2010 年以后，随着太湖水污染等问题的加剧，各界普遍意识到维持健康水环境的重要性，因此，部分鱼塘、水塘又开始恢复，相关规划也逐步完善，水体斑块各项指数逐渐恢复。

具体来看，吴中区水体斑块平均面积的下降和破碎度的增加是受渔

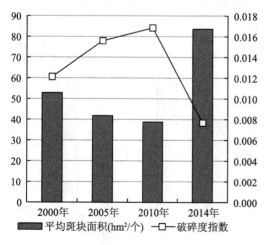

图 6-17　2000 年、2005 年、2010 年和 2014 年吴中区水体平均斑块面积和破碎度指数对比图

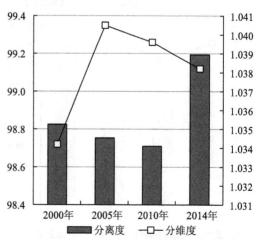

图 6-18　2000 年、2005 年、2010 年和 2014 年吴中区水体分离度和分维度指数对比图

业生产及旅游开发影响的。破碎度增加的主要原因是水域的无序开发造成的，在经济利益推动下，吴中区沿太湖一线，渔业养殖快速发展；另一方面，在太湖风景区建设过程中，道路建设、景点建设以及相关设施的构建都增加了水体的破碎程度；同时，农业灌溉设施也部分加剧了水体的破碎化，将水体日益分割为小块的不连续斑块，不仅增加了水域斑块的数量，导致水域破碎度增加，而且也使水域斑块形状变为简单，造成斑块分离度指数的下降。

从图 6-19 可见，研究时段内吴中区林地景观斑块的破碎度明显减小，减小了 50.5%；而平均斑块面积则有大幅提升，从 4.948 增加到 11.242，增加了 127.2%，说明近年来吴中区林地发展情况良好，大片的林地持续多年，斑块连续性较好。吴中区林地的分离度指数从 88.37 增至 90.83，增加了 27.8%（图 6-20），其空间分布呈现从相对集中逐步向随机分布方向发展的趋势。从景观分维度指数来看，2014 年吴中区林地的斑块形状较 2014 年略有变化，总体变化幅度不大，且总体水平较低，说明吴中区林地斑块形状的规律性较强，受人为干扰程度高，且在变化过程中林地形状趋于简单化，这种规则化形状发展趋势将强烈影响林地边缘的生态效应。

3）建设用地

2000—2014 年，研究区内城镇和农村居民点及交通工矿等建设用地面积大幅度增长，由 16 056.9 hm² 增长到 41 797.98 hm²，净增加了 25 741.08 hm²，增长幅度为 160.3%；建设用地斑块密度逐年减少。建设用地变快、面积增长的具体表现有：其一，在吴中区原有的居民点及建设用地周边继续开发，凭借原来建设用地良好的基础条件，快速建成居民点或相关服务建筑，使其面积不断扩张；其二，对交通便利、景观条件较好的区域实现新的建设开发，并逐步完成配套设施，使其成为新的居民点或工业、商业区域，一般由开发商完成；其三，随着交通的发展、配套的完善，原来分散的乡村居民点因交通或者面积的扩张而融为一体，

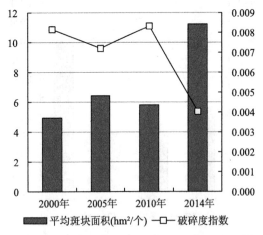

图 6-19　2000 年、2005 年、2010 年和 2014 年吴中区林地平均斑块面积和破碎度指数对比图

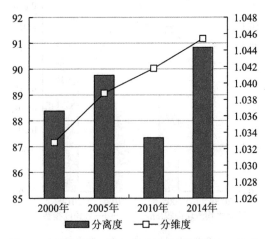

图 6-20　2000 年、2005 年、2010 年和 2014 年吴中区林地分离度和分维度指数对比图

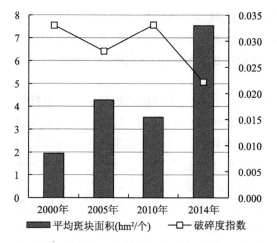
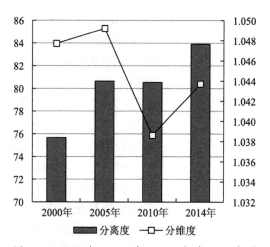

图 6-21 2000 年、2005 年、2010 年和 2014 年吴中区建设用地平均斑块面积和破碎度指数对比图

图 6-22 2000 年、2005 年、2010 年和 2014 年吴中区建设用地分离度和分维度指数对比图

连成片状的居民区；其四，在乡村旅游快速发展的时代背景下，旅游设施的兴建和改造成为传统村落建设用地增加的主要原因。综合以上因素，吴中区建设用地面积增加是人类开发活动造成的。如图 6-21 所示，吴中区建设用地的斑块破碎度从 2000 年的 0.033 0 下降到 2014 年的 0.022 2，下降了 32.7%；平均斑块面积从 2000 年的 1.946 1 hm²/ 个上升到 2004 年的 7.540 7 hm²/ 个，增长了 287.5%。

随着各类建设用地的快速扩展，吴中区建设用地面积斑块形状指数变化明显，其分维度指数由 2000 年的 1.047 7 上升到 2005 年的 1.049 2，然后迅速下降到 2010 年的 1.038 6，再上升为 2014 年的 1.043 7。总体来看，各个时期的分维度指数数值都接近 1，表明建设用地的形状往规则方向发展。研究区域建设用地斑块形状趋于规则说明了吴中区乡村聚落在组团式发展过程中，受区域地形、经济状况和交通条件的限制，其形状逐步趋向规则式方向发展，从而形成了高度集聚式样的空间形态。乡村居民点和交通、工矿用地因其斑块面积相对较小，同时在扩张过程中往往使用重型机械采用较粗暴的方式改变周边景观，所以其形状基本也呈现较为规则的发展方向。由于各类建设面积的增加，平均斑块面积增大，斑块逐步集中，城镇和农村居民点及交通工矿用地的斑块分离度减小（图 6-22）。

6.4 土地利用类型变化规律、影响及动力分析

基于 GIS 技术平台，计算出 2000 年、2005 年、2010 年及 2014 年吴中区各用地类型的斑块指数，分析数据显示，2000—2014 年吴中区各用地类型呈现出以下明显的阶段性特征：

（1）2000—2005 年，吴中区各用地类型的斑块优势度、多样性均呈下降趋势，均匀度有所提高，表明该时间段中，研究区域内斑块破碎化

程度加剧。具体来看，耕地面积迅速减少，且斑块不连续现象明显，受干扰程度较高，形状较为规则，斑块呈细碎化趋势；而建设用地和林地则呈现完全相反的趋势，不仅面积增长迅速，且斑块连续性和斑块优势度提高。

（2）2005—2010年，研究区域内各用地类型的斑块优势度、多样性均呈上升趋势，均匀度略微下降，表明该时间段中，研究区域内斑块破碎化程度有所下降，出现组团大小分化的趋势。具体来看，耕地面积出现小幅的上升，其平均斑块面积和分维度指数也呈上升趋势，而斑块破碎度指数则有明显下降，斑块密度减小，表明耕地斑块连续性较高，此前的小块耕地有合并、扩展的情况。此时段内的建设用地平均斑块面积和分维度指数都呈下降趋势，破碎度指数上升，说明此前建设用地的破碎化程度有所提高，但斑块形状较此前时段更为规则。林地的破碎度和分维度指数出现明显的上升趋势，平均斑块面积略有下降，说明在此期间林地破碎度增加，分布呈不规律状态。

（3）2010—2014年，吴中区内各用地类型斑块的斑块优势度、多样性又呈下降趋势，均匀度开始提高，且幅度大于2000—2005年的变化程度，表明该时间段内吴中区居民的生产生活对景观斑块的干扰程度加深。耕地面积减少，且斑块破碎度增强，但分维数指数有明显下降趋势，说明在此期间耕地的斑块形状较为规则，斑块呈细碎化程度提高；而建设用地和林地则呈现完全相反的趋势，不仅面积增长迅速，且斑块破碎度下降，分维度指数上升，说明连续性和斑块优势度有明显提高。

6.5　以西山景区为例的乡村景观变迁影响因素分析

作为西山景区的自然基础条件之一，风景林或者与名胜古迹融为一体，或者通过陪衬、背景作用使风景增辉，或者和独特的地貌特征相结合直接构成景观资源[12]。风景林景观格局主要是风景区中风景林斑块的数量、形状、大小及其空间分布模式，它决定着风景资源与地理环境的分布、形成和组分，制约着多种生态过程，与风景林干扰能力、恢复能力、系统稳定性、生物多样性存在着密切的联系[13]。风景林景观格局动态变化及其驱动因素分析是景观生态学中的一个重要研究内容。

20世纪90年代以来，我国学者利用多期遥感数据对森林景观的格局及其动态进行了深入的研究，在景观格局指数选择、景观变化模型构建方面取得了大量的成果[14]。然而，这些研究存在以下两点不足：①大多数研究者使用两期或多期3—10年以上的时间间隔图像变化分析算法来研究间隔期的景观格局变化[15]，这种基于长时间间隔遥感数据的变化监测方法不能充分挖掘多时相遥感数据的相互关系，很难捕捉突发性（森林采伐、森林火灾）和缓慢性干扰（气候变化）及恢复进程（封山育林）引起的景观格局变化；②未能将森林景观格局变化与森林干扰进行同步分析，难以精细刻画森林干扰与恢复对景观格局的影响，无法为风景林可持续经营措施的制定提供科学依据。

2008年9月1日美国地质调查局（USGS）免费开放的陆地卫星（Landsat）存档遥感数据，由于覆盖面广、光谱信息充分、重访频率高、计算机处理程度高、空间分辨率（30 m×30 m）与森林经营管理单元空间尺度（1 000 m²）相近等优势，使得利用Landsat时间序列堆栈（LTSS）数据对区域长时间尺度上的森林景观格局进行动态监测、森林干扰与恢复的历史进行刻画及其空间成图成为可能[16]。

我国许多风景区，由于地处城市规划区范围，风景林容易受经常变动的城市规划的影响。由于景区旅游活动引发的诸多自然因素和人为因素的干扰，风景林存在着快速的空间及结构特征的变化[17]。本书以太湖西山景区为研究区域，以免费开放的2001—2010年Landsat时间序列堆栈（LTSS）数据为主要信息源，进行干扰对城市森林公园风景林景观格局时间轨迹分析方法研究，可以为景区中风景林可持续经营措施的制定提供科学依据。

6.5.1 研究区域概况与数据来源

1）研究区域概况

太湖风景名胜区西山景区位于江苏省苏州市吴中区，地理坐标为北纬31°31′24″—31°11′24″，东经120°10′42″—120°21′54″。西山景区南北宽11 km，东西长15 km，由西山主岛及其附属的21个岛屿及四周部分水面构成，景区总面积为235.48 km²。景区地处太湖风景度假区内，是我国历史上的鱼米之岛和淡水湖泊中最大的岛屿；属北亚热带湿润性季风气候，常年湿润多雨，具有四季分明、温暖湿润、降水丰沛、日照充足和无霜期较长的气候特点。西山景区的年平均温度在16℃左右，年降水量为1 000—1 500 mm，全年降雨日数在120天左右。西山景区湖山相间，其缥缈峰海拔336.6 m，为太湖七十二峰之首。在西山景区中，除了西山岛、叶山岛等为数很少的几个岛进行了旅游开发、建设有相关旅游商业设施外，其他岛屿由于交通极为不便，还没有得到开发，鲜有游客光顾，各种人为干扰对风景林景观格局的影响很小。因此，本书以湖山型景区中最大的西山岛作为研究对象。

西山岛面积为79.82 km²，湖岸线逶迤，长达50 km有余，是中国内湖第一大岛，由全长4 308 m的太湖大桥与太湖国家旅游度假区相连。西山岛地形比较复杂，山脉走向多样，在不同高度、坡度和坡向间温度差异较大。西山岛虽然最高海拔不高，但是植被垂直分布非常明显：岛的最上部是草山，中部是以马尾松（Pinus Massoniana）为主的针叶树和常绿阔叶树的混交林，山麓是果树栽培区，湖湾地区是果树和水稻栽培区。西山岛森林覆盖率高达80%，是江苏省常绿果树重点产地和夏果科技示范基地，拥有众多的古树名木和植物名胜景观，是江南重要的花果产地。其中，"角里梨云"和"驾浮梅海"已经成为著名的植物观赏景观。西山岛的古村落是吴文化中的一朵奇葩，岛的东、南、西、北群山环抱中，分布着东村、堂里、植里、后埠、东西蔡、角里、明月湾七个古村落。

西山景区所属的金庭镇，辖11个行政村、1个社区，人口约为4.5万人。2000年以来，随着旅游经济和采矿业的发展，农家乐、房地产开发、采矿引起的蚕食林地、森林火灾、违章建筑以及登山热引发的游人践踏植被等人为因素的干扰，极大地改变了森林景观结构，对风景林的可持续经营构成了严重的威胁。

2）数据来源

本书所采用的数据有：①来自美国地质调查局（USGS）的2001—2010年研究区Landsat TM/ETM（遥感卫星图像）数据，影像获取时间为林木生长季节的5—10月，云覆盖率小于20%，多光谱波段空间分辨率为30 m×30 m，全色波段空间分辨率为15 m×15 m（表6-3）；②研究区域2013年9月的彩色航空正射影像镶嵌图，空间分辨率为2.1 m；③江苏省城市规划设计研究院2003年9月编制的《太湖风景名胜区西山景区总体规划》；④根据西山景区1∶10 000地形图制作的数字高程模型（DEM），空间分辨率为3.3 m×3.3 m。

3）数据预处理

研究区域2001—2010年的LTSS的图像预处理主要包括精确配准和正射纠正、辐射定标、水体及云检测以及大气校正。利用AROP程序包进行遥感影像的精确配准和正射纠正[18]，基于光谱规则对云阴影以及水体进行自动识别并掩膜。其中，云覆盖自动识别采用自动云覆盖评

表6-3　2001—2010年Landsat TM/ETM＋数据基本特征

Landsat影像ID（身份标识码）	成像时间	传感器类型	云覆盖（%）	数据级别
LE71190382001207EDC00	2001-07-26	Landsat ETM+	1.0	L1T
LE71190382002194EDC00	2002-07-13	Landsat ETM+	0.0	L1T
LT51190382003205BJC00	2003-07-24	Landsat TM	0.1	L1T
LT51190382004208BJC00	2004-07-26	Landsat TM	0.0	L1T
LE71190382005170EDC00	2005-06-19	Landsat ETM+	17.0	L1T
LE71190382006141EDC00	2006-05-21	Landsat ETM+	0.0	L1T
LE71190382007128EDC00	2007-05-08	Landsat ETM+	0.0	L1T
LE71190382008147EDC00	2008-05-26	Landsat ETM+	18.0	L1T
LE71190382009149EDC00	2009-05-29	Landsat ETM+	4.0	L1T
LT51190382010144BJC00	2010-05-24	Landsat TM	0.0	L1T

估（Automatic Cloud Cover Assessment，ACCA）算法[19]。大气校正利用 FLASSH 方法，使得定标及云掩膜后的影像的光谱值转化为地表反射率值，并形成相应的地表反射率产品。对于 2003 年 5 月 31 日后获取的 Landsat-7 ETM+SLC OFF 产品，由于数据条带丢失导致信息缺失，采用免费下载的 ENVI Destrip 补丁加以修复。对经过图像预处理的 LTSS，采用支持向量机监督分类方法，将研究区域土地利用类型分为森林、非森林两种类型，作为森林景观格局指数时间轨迹分析的数据基础。LTSS 的监督分类结果经与 2001—2010 年的研究区域国土资源统计数据比较，每景的森林分类精度均达到 80% 以上。

6.5.2 研究方法

1）森林干扰指数的计算

由于绿色植被的光吸收以及森林冠层的遮挡作用，森林在有叶时期 Landsat 影像的部分波段中相对其他地物如裸土、建筑物等具有较低的亮度值。经过暗物质掩膜之后的 Landsat 影像第三波段直方图中反射率值低于森林峰值的像素便是纯净森林像素。在提取 LTSS 纯净森林像元的基础上，对每景图像做缨帽变换。采用公式 6-9 来计算干扰指数（Disturbance Index，DI）[20]。

$$DI_P = \frac{b_P - \overline{b}}{SD_b} - \frac{g_P - \overline{g}}{SD_g} - \frac{w_P - \overline{w}}{SD_w} \qquad (6-9)$$

式中，$\overline{b}$、$\overline{g}$、$\overline{w}$ 以及 SD_b、SD_g、SD_w 分别表示研究区域遥感影像中纯净森林训练样本亮度、绿度、湿度的均值以及方差，而 b_P、g_P、w_P 则代表影像中像素 p 的亮度、绿度、湿度。由于森林像素具有较低的亮度值与较高的绿度值、湿度值，因此由公式可以看出：DI_P 越小，代表该像素距森林训练样本空间中心越近，越有可能是森林像元；相反，DI_P 越大，越有可能是非森林像素元。

2）景观格局指数的选择

景观格局指数分析是景观空间分析的重要方法，特别是在水平层次上能够反映出研究对象的结构组成和空间配置，具有高度浓缩景观结构信息、简单定量的作用，使生态过程与空间结构相互关联的度量成为可能。选择合理的景观格局指标，对于风景林格局研究具有重要的影响。本书从森林平均斑块面积（MPS）、森林斑块数量（NumP）、森林斑块面积加权形状指数（AWMSI）三个方面分别选择指标对风景林景观格局动态进行分析。由于篇幅所限，这三个景观指数的意义、具体计算公式参考文献《景观格局的数量研究》[21]。在 LTSS 监督分类基础上，采用 ArcGIS 9.3 上的外挂式景观格局分析工具 Patch Analyst，对 2001—2010 年风景林景观格局指数进行计算。

3）空间热点探测

空间热点探测的目的在于寻找研究区域内属性值显著异于其他地方的子区域，实质上是空间聚类的一种特例[22]。根据空间热点探测的目的，分为焦点聚集性检验和一般聚集性检验。本书采用 ArcGIS 9.3 空间统计工具箱中的聚集及特例分析工具，通过计算森林干扰指数的莫兰指数（Moran I）值和标准分数（Z Score）值来测量特定区域的要素值聚合程度，从而进行森林干扰热点探测。如果索引值 I 为正，则要素值与其相邻的要素值相近，如果索引值 I 为负值，则与相邻要素值有很大的不同。在统计学中，Z 是测度标准偏差的一个统计量，数值上等于偏离平均值的标准偏差的倍数。当可信度 $P = 0.95$、Z 位于区间范围 [−1.96, 1.96] 时，统计变量呈现随机分布的空间格局。当 Z 值落在区间范围之外，统计变量呈现出离散或聚集的分布格局[23]。Z 值为正且越大，要素分布趋向高聚类分布；相反为低聚类分布。

6.5.3 结果与分析

1）森林干扰时间轨迹分析

将预处理后的 LTSS 代入公式 6-9，生成 2001—2010 年森林干扰时间系列栅格图层，提取每个栅格图像元森林干扰的平均值，采用 Origin 9.0 制图工具中的 Spline 曲线，连接所有均值点进行案例研究地区森林干扰时间轨迹分析（图 6-23）。

如图 6-23 所示，2001—2010 年，研究区域的森林干扰经历了小幅上升、上下剧烈变化、缓慢下降三种不同的变化趋势。2001—2004 年，研究区域风景林的干扰主要是旅游商店、旅游宾馆、农家乐等旅游服务设施建设所带来的森林干扰，表现为规模小、强度低、点状分布。2004—2007 年，随着旅游经济的兴起，小规模观光旅游转化为大规模休闲度假旅游，大型疗养院、度假村、游乐中心蓬勃兴起，点状分布的农家乐规

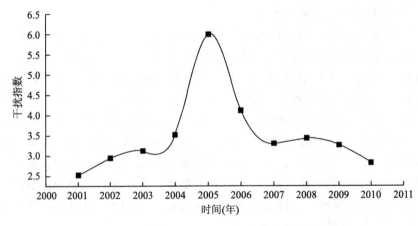

图 6-23 西山岛 2001—2010 年森林干扰时间轨迹

模也不断扩大。与此同时，森林公园管辖范围内的采矿业也呈迅速崛起之势，森林干扰强度呈直线上升趋势，并于2005年达到峰值。从2006年开始，尤其是2007年后，受美国次贷危机引发的世界金融危机的影响，区域经济走势趋向疲软，矿产品需求下降，旅游市场呈现萎缩之势，旅游度假引发的房地产业也呈降温趋势。2007年金融危机后，西山岛所属的金庭镇开始从粗放经济向生态经济的转变，200多家矿山被关闭，2 000多名农民工以内退等形式"下岗"，一些关闭的矿山宕口，通过生态修复、绿化美化，变成骑马场、休闲公园等旅游景点。在粗放式增长的房地产业得到抑制条件下，人为干扰活动大大减少，森林干扰指数呈现小幅波动、总体下降趋势。

2）森林景观格局变化的时间轨迹分析

（1）斑块大小时间轨迹分析

在Origin 9.0平台上，利用Spline曲线连接2001—2010年研究区域风景林平均斑块大小，进行案例研究地区的风景林平均斑块大小时间轨迹分析（图6-24）。

从图6-24可以看出，2001—2010年，研究区域的森林平均斑块大小经历了较大幅度下降、上下剧烈变化、缓慢上升三种不同的变化趋势。2001—2004年，伴随着森林旅游业的开展、景区众多旅游道路的开辟，森林公园景观破碎化严重，大面积原始天然次生林被各种旅游道路切割成小块的森林，森林平均斑块面积迅速下降。2004—2007年，随着旅游经济的兴起，森林公园旅游规模不断扩大，为大型疗养院、度假村等旅游设施配套建设的各种大规模人工森林景观不断涌现，与此同时，天然林地被蚕食、景观破碎化趋势呈现扩大趋势，使研究区域的森林平均斑块大小呈现先上升后下降的剧烈变化趋势。2007年金融危机后，随着西山岛所属的金庭镇从粗放经济向生态经济的转变，多家矿山被关闭，一些矿山废弃地通过生态修复变为旅游景点。随着各种人为干扰活动的大

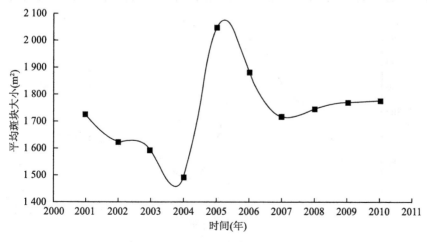

图6-24　西山岛2000—2010年森林斑块大小时间轨迹

大减少，森林平均斑块面积呈缓慢增长趋势。

（2）斑块数量时间轨迹分析

利用 Origin 9.0 的 Spline 曲线制图工具，连接 2001—2010 年研究区域风景林斑块数量，进行案例研究地区的风景林斑块数量时间轨迹分析（图 6-25）。

从图 6-25 可以看出，2001—2010 年，研究区域的森林斑块数量经历了较大幅度上升、先下降后上升的剧烈变化、缓慢上升三种不同的变化趋势。2001—2004 年，在森林旅游业兴起的背景下，伴随着旅游饭店、酒馆、码头等众多旅游服务设施兴建带来的旅游道路长度、密度的增加，森林景观破碎化趋势增强，森林斑块数量迅速上升。2004—2007 年，随着大型疗养院、度假村、娱乐中心等旅游设施配套的建设，在天然林地被蚕食、占用的基础上，各种大规模人工森林景观不断涌现。与此同时，随着天然林地被蚕食，森林景观破碎化趋势严重，研究区域的森林斑块数量呈现先下降后上升的剧烈变化趋势。2007 年金融危机后，随着西山岛所属的金庭镇从粗放经济向生态经济的转变，一些矿山废弃地通过生态修复转变为旅游景点。伴随着园林绿地的增多，森林斑块数量呈缓慢增长趋势。

（3）斑块形状时间轨迹分析

利用 Origin 9.0 的 Spline 曲线制图工具，连接 2001—2010 年研究区域风景林斑块面积加权形状指数的平均值，进行案例研究地区的风景林斑块形状指数时间轨迹分析（图 6-26）。从图 6-26 可以看出，2001—2010 年，研究区域的森林斑块面积加权形状指数经历了较大幅度下降、上下剧烈变化、缓慢上升三种不同的变化趋势。2001—2004 年，随着森林旅游业的兴起，原始天然次生林被不断蔓延的各种旅游道路切割成边界形状简单的小型斑块，森林斑块加权形状指数呈迅速下降趋势。2004—2007 年，在西山岛观光旅游向休闲度假旅游转轨的过程中，各种大规模人工森林景观不断涌现。这些人工森林景观模仿借鉴了中国古典

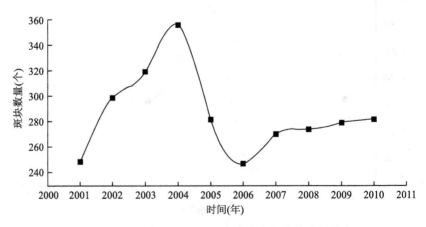

图 6-25　西山岛 2001—2010 年森林斑块数量时间轨迹

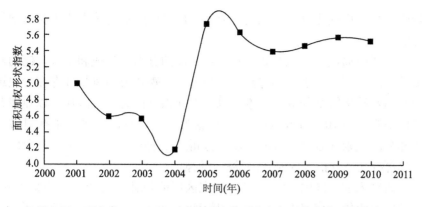

图 6-26　西山岛 2001—2010 年森林斑块面积加权形状指数时间轨迹

园林"山要回抱、水要萦回"的造园手法，使得人工森林斑块形状趋向复杂化。与此同时，被各种旅游道路切割的破碎化的森林斑块边界呈简单化趋势，致使研究区域的森林斑块面积加权形状指数呈现先上升后下降的剧烈变化趋势。2007 年金融危机后，随着西山岛所属的金庭镇从粗放经济向生态经济的转变，一些矿山废弃地通过生态修复变为旅游景点，遭受严重破坏的天然林地得到休养生息，在自然演替的生态过程作用下，森林斑块的面积加权形状指数呈缓慢增大趋势。

3）森林干扰变化空间热点分析

通过空间冷热点分析，将 2001—2010 年研究区森林干扰标准差的空间聚集类型分为四种：高值点（热点，HH）、低值点（冰点，LL）、高值被低值包围的特例点（HL）、低值被高值包围的特例点（LH）（图 6-27）。

从图 6-27 可以看出，西山岛森林干扰变化比较剧烈的热点区域集中于东部金庭镇政府、南部道夏湾两大片区和西南部太湖沿岸依山背水的堂里、东西蔡、角里、明月湾古村落附近。前者的森林干扰表现为度假村、休闲山庄、开心农场等大型旅游设施的面状干扰，后者表现为农家乐等小型旅馆、饭店引发的点状干扰。西山岛森林干扰变化比较缓慢的热点区域主要集中在海拔较高、交通相对落后、居民点分布较少的缥缈峰景区。森林干扰比较剧烈的热点平均海拔、平均坡度为 4.605 m、2.824º，冷点为 78.425 m、11.671º，热点地段的平均坡度、平均海拔分别比冷点地段低 73.820 m、8.847º，表明森林干扰变化剧烈的地段位于海拔较低、坡度较为平缓的西山岛东部以及南部边缘地带，而变化比较平缓的地段则多处海拔较高、坡度较陡的中西部山区。森林干扰变化剧烈的热点距道路距离、距居民点距离为 215.916 m、496.411 m，冷点则为 516.601 m、805.449 m，冷点地段距道路距离、距居民点距离分别比热点地段远 300.685 m、309.038 m，

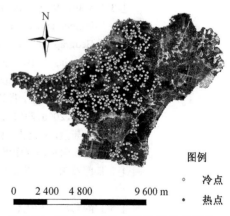

图例

○　冷点

·　热点

0　2 400　4 800　　　9 600 m

图 6-27　西山岛 2001—2010 年森林干扰冷热点

表明森林干扰变化剧烈的地段受交通、居民生产活动等人为干扰活动的影响较大。

景观格局决定着风景资源与地理环境的分布、形成和组分，制约着多种生态过程。由于各种自然、人为干扰，森林公园风景林存在着快速的空间及结构特征的变化。本书以太湖西山景区为研究区域，以免费开放的 2001—2010 年 Landsat LTSS 数据为主要信息源，进行干扰对城市森林公园风景林景观格局时间轨迹分析方法的研究，可以为森林公园风景林可持续经营措施的制定提供科学依据。

研究表明，2001—2010 年，研究区域的森林干扰经历了小幅上升、上下剧烈变化、缓慢下降三种不同的变化趋势。2001—2010 年，研究区域森林干扰的主要驱动因素是采矿活动、宾馆饭店等旅游基础设施建设、道路修建等人为干扰。

2001 年研究区域风景林景观格局时间轨迹分析表明，太湖西山风景林景观格局指数的时间轨迹变化与森林干扰指数的变化趋势在时空上存在着密切的联系。降低大型旅游基础设施、服务设施对森林的干扰强度，对废弃的矿山进行生态恢复，控制古村落农家乐旅游规模，是提高研究区域风景林经营水平的主要措施。

在森林公园景观尺度上，本书探讨了森林干扰对风景林景观格局影响的一般规律。基于像元尺度的森林干扰对景观格局影响的量化分析，Landsat TM/ETM+ 遥感图像混合像元对森林干扰指数计算精度的影响，需要进一步深入研究。

第 6 章参考文献

［1］王宪礼,胡远满,布仁仓.辽河三角洲湿地的景观变化分析[J].地理科学,1996,16(3):260-265.

［2］张明.榆林地区脆弱生态环境的景观格局与演变研究[J].地理研究,2000,19(1):30-36.

［3］Young R H, Chopping M. Quantifying landscape structure: A review of landscape indices and their applications to forested landscapes [J]. Progress in Physical Geography, 1996(4): 418-445.

［4］Douglas W B, David W I. Spatial pattern analysis of seed banks: An improved method and optimized sampling [J]. Ecology, 1988,69(2): 497-507.

［5］曹宁,欧阳华,肖笃宁,等.额济纳天然绿洲景观变化及其生态环境效应[J].地理研究,2005,24(1):130-139.

［6］彭茹燕,刘连友,张宏.人类活动对干旱区内陆河流域景观格局的影响分析——以新疆和田河中游地区为例[J].自然资源学报,2003,18(4):492-498.

［7］邬建国.景观生态学——格局、过程、尺度与等级 [M].北京:高等教育出版社,2000.

［8］陈利顶,傅伯杰.黄河三角洲地区人类活动对景观结构的影响分析——以山东省东营市为例[J].生态学报,1996,16(4):337-344.

[9] 中国科学院生物多样性委员会.生物多样性研究的原理与方法[M].北京:中国科学技术出版社,1994:1-12.

[10] 张玉芳,张俊牌,徐建民,等.黄河源区全新世以来的古气候演化[J].地球科学(中国地质大学学报),1995(4):445-449.

[11] 王勇,李广斌.苏南乡村聚落功能三次转型及其空间形态重构——以苏州为例[J]城市规划,2011,35(7):54-60.

[12] 陆兆苏,赵德海,李明阳,等.按照风景林的特点建立森林公园[J].华东森林经理,1994,8(2):12-17.

[13] 邬建国.景观生态学——格局、过程、尺度与等级[M].2版.北京:高等教育出版社,2007.

[14] 白振平,刘洪利.雾灵山植被变化遥感监测[J].首都师范大学学报(自然科学版),2003,24(4):59-62.

[15] 张煜星,严恩萍,夏朝宗,等.基于多期遥感的三峡库区森林景观破碎化演变研究[J].中南林业科技大学学报,2013,33(7):1-7.

[16] Main-Knorn M, Cohen W B, Kennedy R E, et al. Monitoring coniferous forest biomass change using a landsat trajectory-based approach [J]. Remote Sensing of Environment, 2013(9):277-290.

[17] 李明阳,营利荣.风景林调查规划与合理经营的理论与实践[M].北京:中国林业出版社,2008.

[18] Gao F, Masek J, Wolfe R E. Automated registration and orthorectification package for landsat and landsat-like data processing[J]. Journal of Applied Remote Sensing, 2009,3(1):33515-33535.

[19] Irish R R, Barker J L, Goward S N, et al. Characterization of the Landsat 7 ETM+ automated cloud-cover assessment (ACCA) algorithm [J]. Photogrammetric Engineering and Remote Sensing, 2006(10):1179-1188.

[20] Masek J G, Huang C, Wolfe R, et al. North American forest disturbance mapped from a decadal landsat record [J]. Remote Sensing of Environment, 2008 (6):2914-2926.

[21] 张金屯,邱扬,郑凤英.景观格局的数量研究方法[J].山地学报,2000,18(4):346-352.

[22] Besag J, Newell J. The detection of clusters in rare disease [J]. Journal of the Royal Statistical Society Series A, 1991(154):143-155.

[23] David E. Statistics in geography [M]. Oxford: Blackwell Ltd, 1985.

7 基于3S技术的吴中区乡村景观综合评价

乡村景观评价是乡村规划的前提和基础性工作，对于优化乡村景观用地类型、判别乡村景观价值、规范人类活动与环境的关系、合理利用乡村景观资源等方面具有重要意义。尤其在我国当下新农村建设、美丽乡村建设等时代背景下，景观评价可以为乡村景观的认知、利用和保护提供科学的方法体系，有利于我国乡村景观的可持续发展。乡村景观评价涉及乡村景观概念、价值观念、评价方法、评价标准指标等理论基础问题[1]。探索乡村景观各类资源的经济价值、历史价值和文化价值，改善农村生态环境，充分发挥乡村景观的社会、经济和生态效益，维持传统村落景观的可持续发展，是本书景观综合评价的出发点和根本目的。

7.1 研究区概况

研究以苏州市吴中区西山岛作为研究区域。西山景区位于苏州市西南方向，距离市中心40 km有余。西山镇是省级历史文化名镇，2007年更名为金庭镇。西山景区自然景观有天景、地景、水景、生景四类；人文景观有园景、建筑、胜迹、风物四类。该景区主要的风景资源有明月湾古村、林屋洞、石公山、林屋山摩崖石刻、梅园、包山禅寺、缥缈峰、禹王庙、甪里明建码头、植里古道及桥、古罗汉寺等。西山景区历史上有著名的八大胜景，即甪里梨云、玄阳稻浪、西湖夕照、缥缈晴岚、消夏渔歌、毛公积雪、林屋晚烟、石公秋月。"甪里梨云"在甪里，因古时曾遍植梨树、花开入云而得名；"玄阳稻浪"在鹿村玄阳洞前，是古时西山最大的稻田平原；"西湖夕照"在陈巷西湖寺，为观太湖夕阳的佳绝之处；"缥缈晴岚"在西山主峰缥缈峰，因林木茂密、常有云雾缭绕而得名；"消夏渔歌"在西山南部的消夏湾，因旧时渔船云集、渔歌相竞而得名；"毛公积雪"在梅园毛公坛，因山势背阴冬雪难融而得名；"林屋晚烟"在林屋山附近，因傍晚炊烟如玉带缭绕而得名；"石公秋月"在石公山，因三面环湖、为赏月佳处而得名。此外曾一度闻名的景观还有"甪角风涛"（在衙里）、"冯王烟雨"（在塔头冯王山）、"鸡笼梅雪"（在梅园鸡笼山）等（图7-1、图7-2，表7-1）。

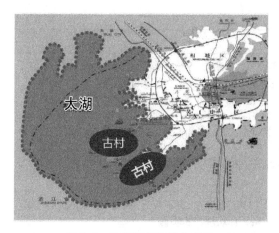

图7-1　吴中区古村落分布图

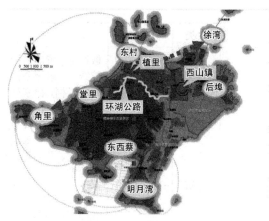

图7-2　西山景区古村落分布图

表7-1　西山景区风景资源汇总表

大类	中类	小类	名称
自然景观	天景	日月星光	明月湾太湖赏月
	地景	山景	横山、金铎岭
		奇峰	缥缈峰
		洞府	林屋洞、岂云洞、夕光洞、玄阳洞
		石林石景	生肖石头
		洲岛	横山群岛、众安洲、厥山、泽山
		其他	水月坞、罗汉坞、包山坞、毛公坞、甪角咀、明月湾、消夏湾、福源坞、天王坞、陈家坞、葛家坞、涵村坞、梅塘坞、资庆坞、柴坞、待诏坞、周家坞、倪家坞、龙坞、大清坞、樟坞、肠坞、野坞、南坞、伯坞、外屠坞、里屠坞、尖池坞、东湾坞、绮里坞、金铎坞、花坞、徐胜坞、茅坞
	水景	泉井	紫云泉、砥泉、无碍泉、龙山泉、胭脂井、游龙泉、游龙井
		溪涧	水月溪
		潭池	毛公潭、画眉池、游龙潭、游龙池
	生景	古树名木	东湾古柏、古罗汉松、古紫藤、香樟等
	庭宅花园		春熙堂花园、芥舟园、爱日堂花园
	专类游园		梅园
	陵园		秦仪墓、高定子高斯道墓、葛月坡墓、宋墓
	其他		石公山
	建筑	风景建筑	后埠井亭、御墨亭、来鹤亭、断山亭、樟坞里方亭、览曦亭、印月廊、寒林夕晖亭、清风亭、漱石居、翠屏轩、烟云山房、浮玉北堂、梨云亭、微云小筑、醉醑亭

大类	中类	小类	名称
人文景观	建筑	民居宗祠	敬修堂、黄氏宗祠、学圃堂、凝翠堂、汉三房、瞻瑞堂、绍衣堂、敦和堂、锦绣堂、东园公祠、礼耕堂、萃秀堂、孝友堂、仁本堂、礼和堂、裕耕堂、费孝子祠、徐家祠堂、姜宅、瞻乐堂、沁远堂、容德堂、凝德堂、仁德堂、遂志堂、秦家祠堂、敦伦堂、邓氏宗祠、土地庙、瞻禄堂、更楼、维善堂、孝友堂、芳柱堂、慎思堂、瑞木堂、范蠡故居、仁余堂、延圣堂、留耕堂、郎润堂、大圣堂、秀之堂、金氏宗祠、罗氏宗祠、介福堂、树德堂、礼本堂、乐耕堂、承志堂、燕贻堂、畲庆堂、仁寿堂、薛家厅、庆馀堂
		宗教建筑	法华寺、古罗汉寺、包山禅寺、明月寺、贡茶院、石佛寺、灵佑观、无碍庵、道隐园、舞峰寺、东岳庙、仙坛观、古樟园
		纪念建筑	禹王庙、天妃宫
		古镇古村	西山古镇、明月湾古村、角里古村、东村古村、植里古村、东西蔡古村、堂里古村、后埠古村、涵村古村、古圻古村
		其他	涵村明代店铺、明月湾石板桥、移影桥、明湾店铺
	胜迹	遗迹遗址	太平军土城遗迹、墨佐君坛、投龙潭、太湖军营址及军用码头、角实寨遗址、毛公坛、东村栖贤巷门、角里明建码头、植里古道及桥、吴越遗址遗迹、禹王庙湖埠、唐宋古蹬道、春秋城墙遗迹、俞家渡遗址、浜嘴古码头、秉场里遗址、蒋氏里门、盘龙寺遗址、琴台、仙人台、角里庵、水月寺
		摩崖题刻	林屋山摩崖石刻、石公山摩崖石刻、一线天
		雕塑	童子面石雕造像、大禹像
		纪念地	诸稽郢墓、三国阚泽墓
		游娱文化	牛仔乡村俱乐部、消夏湾垂钓中心
		其他	明清古街
	风物	节假庆典	包山寺观音庙会、碧螺春茶文化旅游节、瓦山庙会、农家乐休闲美食节、杨梅节、枇杷节、梅花节
		地方人物	秦仪、蔡羽、蔡升、陆治、大休和尚、汉初"商山四皓"、郑清之、王维德、暴式昭、诸稽郢、罗甘尝
		特产	苏绣、雕刻品、青梅、枇杷、杨梅、银杏、板栗、碧螺春茶等
		其他	缫丝织造技艺、茶艺

7.1.1 自然条件

西山世称洞庭西山，古称包山、西洞庭、林屋山，是太湖东南部的一个岛屿，位于江苏省苏州市西南端，距苏州古城 40 km 有余，在北纬 31°03′—31°12′、东经 120°11′—120°22′ 间。太湖西山岛南北长约 11 km，东西长 15 km，面积约为 79.82 km²，是我国内湖第一大岛，由全长 4 308 m 的太湖大桥与对岸的太湖国家旅游度假区相连。按照行政区划，太湖三分之二的湖面在吴中区境内，西山镇（金庭镇）所辖太湖水域面积为 165 km²。西山主峰缥缈峰海拔 336.6 m，为太湖七十二峰（四十一峰在西山）之首（图 7-3）。

西山是太湖中的一个岛屿，从地质学上来说也是一片隆起的山地，因而它和其他江南水乡城镇所处的水网平原不尽相同，虽然也属江南，也处在太湖水系之中，但西山岛没有江南水乡城镇那样的河渠水网，城镇布局也不像周庄、同里那样的因水成街、因水成市、沿河建房。但是西山景区与其他江南水乡区域有着同样的文化传统和习惯，既在民居的式样、布局方面具有一脉相承的一面，又有西山独特的风貌。西山岛上 80% 以上是山地，重岗复岭，深谷幽静，港湾屈曲，富山回水绕之趣。西山自然风景的主要特征可概括为田园果绿、泉甘茶香、林屋梅海、太湖渔趣、山岛风光。

西山原设金庭、石公、堂里三乡，1987 年合并建立西山镇。辖境包括西山主岛及周围太湖小岛 20 多个，镇域陆地总面积为 82.36 km²，其中 60% 是低山和丘陵。西山景区属北亚热带湿润性季风气候，加上太湖水体的调节作用，具有四季分明、温暖湿润、降水丰沛、日照充足、无霜期较长的特点。西山广泛种植杨梅、枇杷、银杏、柑橘、青梅、板栗等经济树种，物产丰富，每年举办的西山梅花节更是远近闻名的赏花节日。西山多古树，现存的 1 200—1 500 年的柏树有 3 株，1 000 年以上的香樟有 2 株，500—800 年的香樟有 12 株，800 年以上的罗汉松有 1 株，600 年以上的紫藤有 1 株,500 年以上的桂花有 2 株,400—500 年的银杏有 3 株，300 年以上的白皮松有 2 株（图 7-4）。

（1）田园果绿

果蔬作物：西山居民历史上即以花果生产为主，盛产柑橘、青梅、杨梅、枇杷（图 7-5）、银杏、板栗等，种植橘树已有一千多年历史。唐白居易曾用"浸月冷波千顷练，苞霜新橘万株金"诗句来歌咏太湖及其

图 7-3　西山景区缥缈峰景观

图 7-4　明月湾和植里村口的樟树

图 7-5　西山景区经济果树种植——枇杷

橘园。宋苏舜钦称东西山"背树桑桅柑柚为常产"。目前，西山共有近
20 种果树，占总面积的 30%—40%。西山花果不仅是当地经济生活的主
体，也因这些果树自身较高的观赏价值而形成了独特的田园风光，甚至
独成一景，因此名扬。比如西山历史上著名的八大盛景中的"甪里梨云"，
因甪里古时曾遍植梨树、花开如云而得名，现今甪里梨树种植虽然减少，
但每年的三四月间，梨园遍野雪白，依然为一时之盛。

　　宅间种植：西山古村落的古木以银杏树为主，村内差不多每家每户
都有花果园。园子里大多种植枇杷树、橘子树、板栗树等，有的人家就
种的是观赏的香橼，有的种缠藤的葫芦、北瓜，还有红红绿绿的玲珑果实，
园子里都有丛丛的修竹，春天吃嫩笋，成材可以家用。民宅两旁多种植
太阳花、凤仙花等花灌丛，古宅前院多以南天竺配石栽植，村内绿荫浓郁，
花果飘香，形成较有特色的江南乡村植物景观（图 7-6）。

　　（2）泉甘茶香

　　无碍泉小青茶。苏州太湖洞庭山以碧螺春茶闻名，而碧螺春的前身，

图 7-6　西山景区聚落宅间绿化

图 7-7　西山景区茶叶种植

却是西山水月坞的水月茶（亦称"小青茶"），明陈继儒《太平清话》云："洞庭山小青坞出茶，唐宋入贡，下有水月寺，即贡茶院也。"因此水月寺亦称"水月贡茶院"，又为碧螺春茶文化展示馆。水月禅寺东首，有"无碍泉"，因南宋李弥大"瓯研水月先春暖，鼎煮云林无碍泉"之句得名。无碍泉，小青茶，是为水月二绝，宋苏舜钦赞曰"无碍泉香夸绝品，小青茶熟占魁元"。缥缈峰西水月坞现有果园 2 000 余亩（1 亩≈ 666.7 m²），茶园 2 000 余亩（图 7-7），梯田层层盘旋，满山映绿。此外，西山泉水醇清纯真，仅名列文物保护单位（简称文保单位）的古泉就有 18 处，除无碍泉外，较有名的还有龙山泉、石氏泉、画眉泉等。

　　太湖洞庭山碧螺春制作技艺。明代《茶解》中说："茶园不宜杂以恶木，唯桂、梅、辛夷、玫瑰、苍松、翠竹之类与之间植，亦足以遮霜雪，掩映秋阳。"西山气候温和，雨量充沛，土质疏松，山上一年四季桃花红了金桂香，梅子青过柿子黄，茶树种植其间，尽吸馥郁芬芳，使碧螺春有得天独厚的生长环境。而其传统的采制技艺，"摘得早、采得嫩、拣得净”和“手不离茶，茶不离锅，揉中带炒，炒揉结合，连续操作，起锅即成”，使其更为茶之精品。2011年，苏州太湖洞庭山碧螺春制作技艺为第三批国家级非物质文化遗产。吴中区教育部门已把碧螺春茶的采茶和炒茶技术作为东西山的中小学综合实践活动带进了课堂。

（3）林屋梅海

太湖地区有“种梅如种谷”之说，古时即有“鸡笼梅雪”的盛景。全岛梅树种植面积超过万亩，林屋梅海周围连片梅林超过1 500亩，视觉可及梅林达3 500亩，已成为全国最大的赏梅胜地和梅文化研究基地，早春时节常在林屋洞（梅园）举办“太湖梅花节”，游人比肩接踵，漫山遍野呈白色或粉红色，为全国四大赏梅胜地之一。

（4）太湖渔趣

西山旧时的“消夏渔歌”盛景，即在西山南部的消夏湾，因渔船云集、渔歌相竞而得名。如今除了渔产养殖业外，大多数渔船开始兴办农家乐，一杯碧螺新茶，一桌太湖三白，一曲苏州小调，佐以太湖烟波，远眺缥缈山峰，垂钓、游湖、品蟹、采橘等等游览项目逐一成熟，形成一系列以“农家渔趣”为主题特征的休闲娱乐景观，其中尤以消夏湾和缥缈峰地区最为集中。

（5）湖光山色

缥缈峰：太湖水域辽阔，面积现有3.64万顷（1顷≈6.666×10⁴ m²），历来多用“三万六千顷”来称太湖之广阔，“太湖七十二峰，四十一峰在西山”，而最高峰为缥缈峰，峰高336.6 m，有“缥缈晴岚”之称，为西山八景之一。清王维德《洞庭七十二峰》中云：“峰之最高者曰缥缈，群山环拱，俨若植壁秉圭，践其巅，三万六千顷之胜可以俯而有也。晴日，登峰远眺，湖面波平如镜，青黛点点，碧空壮丽。”宋范成大《缥缈峰》诗曰：“满载清闲一棹孤，长风相送入仙都。莫愁怀抱无消豁，缥缈峰头望太湖。”

石公山：石公山位于西山南东角，山高49.8 m，景点面积为17 hm²，因山前原有巨型太湖石，状若老翁，故名“石公”。与三山等岛屿互为对景，因三面临水，为赏月佳处，“石公秋月”自古就是著名景点，山上怪石奇秀，石景丰富，北宋末年，“花石纲”所采太湖石即主要出于此。1979年，开山采石停止，1984年，被列为县级文保单位正式开放。山中烟雨山房为观太湖雨景最佳处，在此可同时看到日落水面、月升东方的天象奇观，是石公山著名的“日月双照”景点。

横山群岛：横山群岛位于西山岛北部，它有九个或纵或横的小岛组成。九座小山峰形态各异，横山像穿山甲，阴山像鲤鱼，叶山似一段藕，庭山像荷叶等。它们形成了太湖之中绝无仅有的“动植物园”。在横山群岛朝有观日出佳处，晚可西赏晚霞，两者皆宜。

7.1.2 行政沿革

西山景区隶属于金庭镇（原西山镇），原设 44 个行政村（2000 年并为 28 个），1 个居委会。具体沿革如表 7-2 所示。

表 7-2　西山行政区划沿革表

时间	所属建制名称	备注
清乾隆中叶前	吴县	公元前 221 年建县
清乾隆中叶至光绪三十一年（1905 年）	苏州府太湖厅	雍正十三年（1735年）建厅，辖东山，厅治在东山，后增辖西山。咸丰十年（1860 年）太湖厅属湖州府
咸丰十一年至同治二年（1861—1863 年）	太平天国苏福省苏州郡东珊县	东珊县辖东西山，时西山由侍王李世贤守
光绪三十二年至宣统三年（1906—1911 年）	苏州府靖湖厅	厅治在后堡，辖西山
民国元年至民国三十八年六月（1912 年 1 月—1949 年 6 月）	江苏省吴县	民国元年（1929 年）1 月，太湖、靖湖二厅合并为太湖县，旋易名洞庭县，7 月撤洞庭县并入吴县
1949 年 7 月—1951 年 5 月	太湖区行政办事处	办事处辖东山、西山、横径、马山等区，在东山办公
1951 年 6 月—1952 年 6 月	吴县	太湖区行政办事处撤销
1952 年 7 月—1953 年 4 月	太湖区行政办事处	太湖区行政办事处复建，辖东山、西山
1953 年 5 月—1959 年 3 月	震泽县	县辖东山、西山、横径、马山等区，1959 年撤销，并入吴县
1959 年 4 月—1995 年 6 月	吴县	1995 年吴县改称吴县市
1995 年 7 月—2001 年 2 月	苏州市吴中区	2001 年 2 月 28 日撤销吴县市，原吴县市辖区分设为苏州市吴中区与苏州市相城区

7.1.3 人口与经济概况

金庭镇 2009 年镇域人口为 43 967 人，镇域人口密度为 534 人/km²。金庭镇区是全镇的政治、经济、文化中心，各功能分区基本齐全，基础设施基本完善。太湖大桥建成通车，西山结束了孤岛的历史，经济建设和各项社会发展进入快速发展期。金庭镇经济发展已基本形成以三产为主体发展的格局。2009 年三产所占比例为 14∶25∶61。全镇农副业以花果、粮油、碧螺春茶、水产养殖为主，工业以采石（石灰石）、建材、果品加工、轻工制造为主，第三产业以旅游、休闲观光为主。西山景区现有缥缈峰、明月湾古村、石公山、林屋洞（梅园）、包山禅寺、罗汉寺、禹王山、古樟园、绿光休闲农场、牛仔乡村俱乐部、消夏湾垂钓中心等开放景点。接待游客量由 2004 年的 88.2 万人次增加到 2007 年的 172.3 万人次，之后受经营模式及经济危机的影响而呈下降趋势；经营收入由 1 318.1 万元增加到 2009 年的 1 806.1 万元。

7.1.4 西山景区古村落概况

西山现有 7 个属于苏州市控制保护的古村落，其中明月湾古村为江苏省历史文化名村。这 7 个古村落分别是明月湾、东村、植里、东西蔡、堂里、甪里及后埠古村，这些古村是西山 100 多处历史文化古迹、14 处省市级文保单位，以及丰富的非物质文化遗产的根植地。目前开放的景点有 9 个，即石公山、林屋洞、西山梅园、包山寺、禹王庙、罗汉寺、古樟园、西山高科技农业园和明月湾古村；古建遗存主要分布在明月湾、东西蔡、东村、堂里、植里、涵村、甪里、后埠等古村落。古村落的形制、空间布局独具地方特色，突出表现在世族聚居的村落分布特性与以古街古巷为骨架的空间结构。西山古村虽然没有江南水乡的水网结构，但仍延续了因水成街、沿河建房的江南古村风格，比如明月湾以石板街为骨架的棋盘状空间结构，陈村以东西贯穿的古街为主轴的鱼骨状空间结构，甪里村以郑泾港为轴，呈现出典型的"河—街—房"沿河街市构成模式。

本书选取西山景区的四个村落作为评价研究的对象，分别是东村、植里、东西蔡及明月湾。这些古村落除了具备优越的自然条件外，还都有着悠久的历史文化，传统聚落景观资源丰富。

1）东村

东村古村位于西山景区北部，依山傍水而建，拥有独特的村落空间布局和历史文化建筑，人文景观丰富，占地 16 hm²，人口大约为 700 人，目前古村落保存较为完整[2]，在西山景区境内古村落中排在前列，其中包括两处省级文保单位——敬修堂和栖贤巷门，另外还保有继善堂、绍衣堂等明清文物（表 7-3）。

2）植里

植里古村西滨太湖，南部环山公路与西山镇区相联系，距离镇区约为 3 km。植里古村在明代乃至更早就有先民居住，曾被称为吴县、苏州府太湖厅、苏州郡东山县、太湖区行政办事处等。规划范围包括行政村下属的植里、夏泾两个自然村落，与西山其他古村落相比占地面积较大，约 81.74 hm²。主要经济来源为碧螺春茶叶种植、水稻种植与外出务工，以及花果、渔业养殖等。永丰桥与原夏泾港码头成为植里古村的生活中心，同时具有以"三古"（古道、古桥、古樟）为代表的村落历史文化特征（表 7-4）。

3）东西蔡

位于太湖消夏湾畔、缥缈峰南麓的东西蔡村，因"洞庭商帮"之一的蔡氏居住于此而得名，因此古村现在大部分村民仍以蔡姓为主，东蔡兴起于南宋末，而西蔡比东蔡的历史更悠久。东西蔡古村落沿消夏湾呈带状分布，古村有一条重要的古街——东蔡街和西蔡街，长约 600 m。

表 7-3 东村古村资源表

要素	类型	名称	特色
自然环境要素	综合自然旅游地	阴山	湖岛景观
		凤凰山	湖山景观
		栖贤山	湖山景观
	天然湖泊与池沼	太湖	湖水景观
	树木	千年古樟	古树
人文环境要素	地方旅游商品	橘子	地方特产
		杨梅	地方特产
		碧螺春茶叶	地方特产
	名人事迹	东村村名由来	古称东园村,因商山四皓之一的东园公唐秉隐居此地得名
		敬修堂	乾隆金屋藏娇的地方
	民间艺术	苏式彩画	东村现存清代的官绅宅第多数会有苏式彩画(如东村徐家祠堂彩绘),主要施于梁枋、脊檩,常用浅蓝、浅黄、浅红,色调柔和高雅;彩画在艺术上以清嘉庆前的作品为上乘,嘉庆后的较为草率,民国后日益衰落
		敬修堂雕龙落地长窗	地方传统雕刻艺术,长窗上雕刻有12种不同形状的龙
		敬修堂盘龙砖雕门楼及花窗	地方传统雕刻艺术
		核雕	国家级非物质文化遗产,如徐洁明核雕,其特色是在船上进行核雕工艺
人工环境要素	文物古迹	见后表7-22 东村文物古迹资源表	

表 7-4 植里古村资源表

要素	类型	名称	特色
自然环境要素	地质地貌过程行迹	貌虎顶山	湖山景观
	湖港	太湖、夏泾港	河湖景观
	特产	林果、太湖水产	碧螺春茶、橘子、白果、板栗、鱼虾
人文环境要素	名人事迹	李弥大	南宋末年,退隐西山,林屋洞口摩崖石刻《道隐园记》
		李肇一	李弥大四世孙
	民间节日	正月初五"接财神"	元宝鱼和羊头
	民间艺术	雕刻艺术	香山帮木作的代表
	民俗文化	"耕可致富,读可荣身"	对耕读文化的崇尚与传承
人工环境要素	文物古迹	见后表7-23 植里村文物古迹资源表	

表 7-5　东西蔡古村资源表

要素	类型	名称	特色
自然环境要素	综合自然旅游地	缥缈峰	位于西山中西部,海拔 336.6 m,西山主峰,太湖七十二峰之首
		飞仙山	缥缈峰南 3 里(1 里 =500 m),位于东蔡西北,海拔 155.8 m,因古有仙鹤飞于其上而得名,山麓有秦仪墓
		上方山	在秉汇葛家坞(上方坞),有上方寺
	天然湖泊与池沼	消夏湾	西山镇域范围内最大的平地形耕作区域。春秋时是吴王夫差携西施泛舟避暑之处
	瀑布	瀑布	建于明朝,三级瀑布
	树木	古树	东蔡境内有若干约 100 年树龄的古榉树、古银杏;西蔡境内有两株约 500 年树龄的古银杏
		果林	面积约为 300 亩,有枇杷林、板栗林、橘子林等
	天气与气候现象	避暑气候地	"消夏渔歌"景观
人文环境要素	名人事迹	蔡羽	明代文学家,是古代吴中自学成才著名人物之一,吴门十才子之一
		秦宗迈	宋代著名词人秦观六世孙
		秦仪	宋代著名词人秦观八世孙。为尚理宗之女娥明公主的驸马
		蔡源	宋朝秘书郎
		得名由来	东蔡兴起始于南宋末,因宋朝秘书郎蔡源次子蔡继孟居此(东侧)而得名。西蔡因南宋秘书郎蔡源长子蔡维孟奉母定居于此(西侧)而得名。秦家堡,因南宋时秦观六世孙秦宗迈定居于此而得名
	民间习俗	庙会	多在仙、佛的生日、忌日、成道日或灵应日举行
	地方特产	洞庭碧螺春茶叶	西山为碧螺春茶产地
		水果	盛产枇杷、银杏、板栗等
		太湖水产	菱藕、莼菜等和新鲜鱼虾等
人工环境要素	文物古迹		见表 7-24 东西蔡村文物古迹资源表

现在两个村落共占地 50 hm²,有 723 户、3 000 人左右(表 7-5)。

4)明月湾

明月湾古村落,位于太湖西山南端石公山西 2 km 处,传说因吴王夫差携美女西施在此共赏明月而得名,是中国历史文化名村。明月湾古村落与西山其他古村落相比面积较小,占地仅 9 hm²,主要经济来源多为靠种植经济作物如花果树、碧螺春茶等,姓氏以邓、秦、黄、吴为主,是一个少见的多姓氏聚居的古村落。古村落两条呈东西走向的主街与众多横巷纵横交错,犹如棋盘,因此也被称作棋盘街(表 7-6)。

表 7-6　明月湾古村资源表

要素	类型	名称	特色
自然环境要素	综合自然旅游地	南湾山	明月湾北部背临的山丘，海拔 68.2 m，古有春秋吴王避暑行宫
	天然湖泊与池沼	太湖沿岸	明月湾南临太湖，可赏沿岸风光
		古河埠	村口的一段古河道，有蓄水排水的作用
	树木	千年古樟	明月湾的重要标志，见证了古村的千年历史。相传为唐代著名诗人刘长卿到明月湾访友时所植，树龄约为 1 200 年，为一级古树名木
		茶树	主要为碧螺春茶
		果林	枇杷、杨梅、板栗、石榴、柑橘、桃树、银杏、竹林等
人文环境要素	名人事迹	吴王西施	有赏月、画眉的传说
		主要宗族	明月湾五大姓氏金、邓、秦、黄、吴的迁入及发展历史
		邓肃	西山邓氏始祖，南宋写诗反对宋徽宗大办花石纲，被免后迁西山，定居明月湾
		洞庭商帮	经商致富，修建大量精美的宅邸，推动明月湾的兴盛
		唐代诗人及其诗作	白居易、皮日休、陆龟蒙等唐代诗人皆留下赞美明月湾的诗作
		当代文艺名家	著名作家艾煊、表演艺术家张瑞芳、评弹表演艺术家杨挣雄、著名作家高晓声等文艺名家曾在明月湾体验生活，并留下著作
	民间艺术	传统工艺	传统砖雕、木雕及石雕刻工艺，碧螺春茶叶传统采制工艺
	民俗文化	地方风俗	挂喜庆吉祥物"红绵"传统风俗
	地方特产	菜品饮食	炒螺蛳，干炒小野菜
		农林产品	枇杷、杨梅、板栗、石榴、柑橘、银杏等
		茶叶	洞庭碧螺春茶
人工环境要素	文物古迹		见后表 7-25 明月湾村文物古迹资源表

7.2　方法概述

7.2.1　ArcGIS 平台的应用

ArcGIS 平台具有强大的景观空间信息分析功能，适应多种运算需求，能够较为直观地反映景观数据信息，并直接导出数据表格或专业类图，是研究景观空间的重要手段。本书层次分析评价方法中设计大量指标，而 ArcGIS 平台可以将调研数据和卫星图进行结合，将相关指标量化，提高评价的准确性。研究中其功能主要集中在以下几点：①建立村落信息系统。通过现场调研和文献资料整理获取村落基本信息，依靠 GIS 平台方面的数据管理功能，将数据和图纸实现对应，方便数据查询和后期处理。同时结合 ENVI 软件的解译功能，可以利用卫星图弥补现场调研在数据获取方面的不足之处，例如高程、坡度等信息。②空间数据分析。GIS 平台具备强大的景观指数计算能力，可以从形状、数量及聚散关系等方面描述景观信息，还可以完成模拟真实的景观环境、测算距离等任务。③直观输出数据。该平台可以将数据与图纸对应，既可以全要素输出图片，也可以根据用户需要输出各类专题图，为研究带来直观的数据表现。④实现数据叠加。平台具备分层处理能力，可以将不同层次的信息进行叠加，以确定不同信息或数据占据的图上范围。本书的景观评价研究是基于 ArcGIS 平台的，综合运用层次分析法、调查问卷及专家打分的评价模式。

7.2.2 层次分析法

（1）本书综合评价部分的研究采用层次分析法，该方法适用于有复杂结构且较难定量分析的研究对象。评价模型的建立需要有细致的准备工作，包括现场调研、文献查阅与分析、数据收集与处理等。研究基于文献资料分析和现场调研信息采集，全面统计乡村景观的因子，按照与乡村景观相关的不同因子划分出不同层次，以"目标层—项目层—因素层—指标层"的模式构建出评价模型，并依靠树形图和框图的形式描述各层次的从属关系。

（2）层次分析法依靠判断矩阵决定一个层次中相关因素之间的重要性，即确定每个因素的权重。通过各因素之间两两比较确定难以定量问题的量化研究，如表 7-7 中所示，以矩阵判断的方式确定同一层次中两个因素 A 与 B 的重要性。

（3）层次单排序及其一致性检验[①]。通常的算法是计算判断矩阵的最大特征根及其相应的特征向量。步骤分两步，首先计算出判断矩阵每一行因素之和 V_i，然后将 V_i 归一化，得到各要素在单一准则下的相对权重 W_i，如式 7-1、式 7-2 所示。

$$V_i = \sum_{i=1}^{n} a_{ij}(i = 1, 2, \cdots, n) \tag{7-1}$$

$$W_i = V_i / \sum_{i=1}^{n} V_i(i = 1, 2, \cdots, n) \tag{7-2}$$

鉴于评价体系的复杂性及个人意识的主观性，在实际打分过程中，每位专家的判断可能存在不一致性，甚至有极端的偏差出现，为了保证评价的客观性和合理性，必须对判断矩阵进行一致性检验，将偏差控制在合理的范围内。常用的度量矩阵一致性的方法是，计算最大特征根以

①层次单排序及其一致性检验的传统方法多依靠数学模型计算，相对较为复杂。目前有相关软件可以辅助计算相关指标，例如 yaahp 软件，可方便实现权重的确定及一致性检验，并直接输出数据表格，大幅提高工作效率。为了解释相关原理，本书还是将其大致分析过程列出。

表 7-7　判断矩阵权重的等级指标及含义

等级指标	含义
1	A 与 B 两个因素相比，重要性相等
3	A 与 B 两个因素相比，A 稍微重要（有优势）
5	A 与 B 两个因素相比，A 比较重要（有优势）
7	A 与 B 两个因素相比，A 十分重要（有优势）
9	A 与 B 两个因素相比，A 绝对重要（有优势）
2，4，6，8	两个相邻分值的中间值

表 7-8　平均随机一致性指标 RI 值与阶数关系表

阶数	3	4	5	6	7	8	9
RI	0.58	0.90	1.12	1.24	1.32	1.41	1.45

外的其余特征根的负平均值，此分值可以反映打分者思维的统一度。检验判断矩阵的一致性可以运用矩阵的平均随机一致性指标 RI 值，同一层级中判断矩阵的一致性指标 CI 与平均随机一致性指标 RI 的比值称为一致性比率 CR。一般认为，判断矩阵中阶数大于 2，且当 $CR=CI/RI<0.10$ 时（表 7-8），判断矩阵的一致性在合理区间，若超出此区间则需要调整矩阵。此方法可以检验出各层次因素之间的一致性。

7.3　综合评价体系的构建

7.3.1　构建思路

西山景区乡村景观评价体系分为景观质量、景观保护与开发两大系统，细分为 5 个因素、12 个指标及 42 个子指标（图 7-8）。景观评价体系的构建兼顾江南地区乡村景观的共性和西山景区乡村景观的个性，主要评价方法包括现场调研资料收集、文献资料查阅。首先在文献资料的基础上，对江南地区乡村景观的共性进行分析，按照自然环境、人文环境和人工环境的分类方法进行总结，将提取出的重要因素作为西山乡村景观评价研究的备选项。然后根据西山景区古村落调研数据，建立西山景区乡村景观评价体系，研究发现西山景区既具备江南水乡的共性，又受到太湖、山地的地理因素影响，具有强烈的个性特征。因此在运用层次分析法进行定量研究的过程中，对关乎西山景区村落特征的因子着重细化，将与总目标联系较小的因子剔除，并确定各因子的权重，制定出评分标准。最后请专家对相关因子进行打分，根据评分标准计算总分进行综合评价。

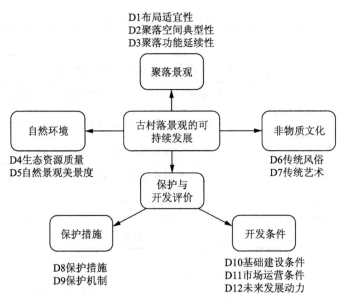

D1布局适宜性
D2聚落空间典型性
D3聚落功能延续性

聚落景观

自然环境

古村落景观的可
持续发展

非物质文化

D4生态资源质量
D5自然景观美景度

D6传统风俗
D7传统艺术

保护与
开发评价

保护措施

开发条件

D8保护措施
D9保护机制

D10基础建设条件
D11市场运营条件
D12未来发展动力

图 7-8　西山景区古村落可持续发展评价体系

7.3.2　评价目标

　　鉴于西山岛风景区和古村落的双重属性，从调研发现的现状问题出发，将古村落景观的可持续发展作为评价目的。乡村景观综合评价是集定性与定量研究于一体的研究体系，对于乡村景观特色的可持续性保护与开发具有重要意义。乡村景观具有复杂的景观体系，建立科学合理的评价体系有助于量化研究与分析，使研究成果更为直观。对于乡村景观的认知来说，综合评价通过合理构建指标体系，能够较为全面、细致地展现乡村景观的面貌，为深入研究乡村景观提供较为完整的数据库；从乡村景观变迁角度来说，景观评价能够以更为准确的数据记录乡村景观的动态变化，从定量的角度把握乡村景观的变迁规律；对于乡村景观的开发和保护来说，景观评价是传统村落保护研究的重要手段，为乡村景观保护提供动态监测和预警；在乡村景观适宜性、聚落空间典型性等方面的评价可以为开发活动提供系统科学的规划指导，是乡村景观规划的基础。

　　具体来说，通过构建西山景区乡村景观评价体系，对西山景区古村落景观进行综合评价，主要目标有：其一，对西山景区古村落的景观质量进行综合评价，确定古村落在布局适宜性、文物原真性及环境美感等方面的质量，以确定该区域古村落景观的景观总体特征；其二，通过对西山景区古村落景观的开发和保护现状进行综合评价，确定未来保护和开发工作的方向，为村落的保护和发展提供理论依据。

7.3.3　评价框架

　　从江南水乡的特征出发，以乡村景观特征的可持续性保护与利用为目标，结合吴中区和西山景区乡村景观的变迁规律及开发情况，制定出能反映该区域乡村景观特征的评价体系。本书评价体系的制定涉及了遗产保护、旅游开发、景观生态及景观美感度等多学科。按照"目标层—项目层—因素层—指标层—子指标层"的结构形式构建评价模型（表7-9），在评价体系的五个层次中，目标层是综合评价的最终目标，即西山景区乡村景观评价的综合状况。项目层由景观质量、景观保护与开发两部分构成，这两方面对西山乡村景观特色的描述具有决定性意义。因素层是对项目层的进一步细分，由更为具体的因子构成，景观质量评价按照自然环境、人工环境和人文环境三个方向制定因子，对应聚落景观质量、自然景观质量和非物质文化资源质量三个因素；开发和保护评价由保护措施评价和开发条件评价两个因素构成。指标层是对因素层的进一步解释和细化，由上述5个因素细分至12个指标，再由12个指标分为42个子指标。

表 7-9　吴中区西山景区乡村景观可持续发展评价体系

目标	项目	因素	指标	子指标
A 吴中区西山景区乡村景观综合评价（1.000 0）	B1 景观质量评价（0.549 9）	C1 聚落景观质量（0.205 8）	D1 布局适宜性（0.078 5）	E1 高程（0.019 6）
				E2 坡向（0.013 6）
				E3 坡度（0.017 5）
				E4 土地覆盖（0.010 9）
				E5 距河流距离（0.009 2）
				E6 距道路距离（0.007 7）
			D2 聚落空间典型性（0.068 5）	E7 文保建筑的最高等级（0.024 5）
				E8 古迹年代（0.014 1）
				E9 建筑工艺水平（0.020 4）
				E10 传统街区的长度及完整性（0.009 5）
			D3 聚落功能延续性（0.058 8）	E11 聚落常住人口比例（0.029 1）
				E12 传统生产方式的延续性（0.029 7）
		C2 自然景观质量（0.187 1）	D4 生态资源质量（0.098 0）	E13 水域类型水平指数（0.033 1）
				E14 耕地类型水平指数（0.032 9）
				E15 绿地类型水平指数（0.032 0）
			D5 自然景观美景度（0.089 1）	E16 山体的绵延程度（0.026 3）
				E17 植被覆盖程度（0.021 2）
				E18 水体的形态（0.019 5）
				E19 地貌的区域组合形式（0.022 1）
		C3 非物质文化资源质量（0.157 0）	D6 传统风俗（0.098 0）	E20 传统风俗的种类和级别（0.039 8）
				E21 传统节日的数量（0.038 9）
				E22 传统风俗的延续性（0.019 3）

目标	项目	因素	指标	子指标
A 吴中区 西山景 区乡村 景观综 合评价 （1.000 0）	B1 景观 质量评价 （0.549 9）	C3 非物质文 化资源质量 （0.157 0）	D7 传统艺术 （0.059 0）	E23 民间艺术的种类和级别（0.031 8）
				E24 民间艺术的活化传承度（0.027 2）
	B2 保护与 开发评价 （0.450 1）	C4 保护措施 评价（0.232 1）	D8 保护措施 （0.126 1）	E25 景区用地规划编制情况（0.019 4）
				E26 文物登记及挂牌保护（0.064 7）
				E27 非物质文化遗产保护措施（0.029 6）
				E28 聚落风貌的控制措施（0.012 4）
			D9 保护机制 （0.106 0）	E29 突发性环境问题的处理机制（0.042 0）
				E30 文保机构的设置（0.023 0）
				E31 保护资金筹集渠道（0.041 0）
		C5 开发条件 评价（0.218 0）	D10 基础建设条件 （0.077 5）	E32 区位特征（0.011 6）
				E33 交通可达性（0.020 4）
				E34 基础服务设施（0.022 2）
				E35 废水、气、物排放量控制（0.014 7）
				E36 旅游服务设施（0.008 6）
			D11 市场运营条件 （0.066 1）	E37 社会经济条件（0.021 6）
				E38 政策支持力度（0.022 4）
				E39 旅游服务管理水平（0.022 1）
			D12 未来发展动力 （0.074 4）	E40 未来政策支持力度（0.020 6）
				E41 未来资金支持力度（0.026 1）
				E42 客源市场潜力（0.027 7）

西山乡村景观评价模型的细致分级有利于评价结果的全面性和准确性。

7.3.4　权重的确定

层次分析法依靠矩阵判断同一层次中各因素之间的权重。本书通过一组专家（9 人）对评价模型中每两个要素进行重要性对比的方式确定各要素的权重，以 1—9 的分阶表示（见前表 7-8）。为了保证其合理性，去掉每两个因素比较的最大值和最小值，然后求取剩余数值的平均值作为该两个要素的权重。以本书准则层中"景观质量评价"为例，将其视为矩阵 B1，其中 C1 为聚落景观质量，C2 为自然景观质量，C3 为非物质文化资源质量，其重要性如表 7-10 所示，用式 7-1 所示原理，计算该体系中的要素权重，并对其一致性进行检验，如表 7-11 所示。同理可得出研究所需的其他 30 个矩阵中要素的权重及一致性（表 7-12）。

表 7-10 B1 景观质量评价判断矩阵

B1 景观质量评价	C1 布局适宜性	C2 传统聚落原真性	C3 环境美感度
C1 聚落景观质量	1	1/2	3
C2 自然景观质量	2	1	3
C3 非物质文化资源质量	1/3	1/3	1

表 7-11 B1 景观质量评价中各要素的权重

指标	权重	一致性比例
B1 景观质量评价	0.549 9	
C1 聚落景观质量	0.205 8	
C2 自然景观质量	0.187 1	0.017 6
C3 非物质文化资源质量	0.157 0	

表 7-12 指标赋值方法分类表

赋值方法		指标
定性指标	提供现场调研资料，请专家打分	E37 社会经济条件、E38 政策支持力度、E39 旅游服务管理水平、E40 未来政策支持力度、E41 未来资金支持力度、E42 客源市场潜力
	根据调查问卷数据获取分值	E20 传统风俗的种类和级别、E21 传统节日的数量、E22 传统风俗的延续性、E23 民间艺术的种类和级别、E24 民间艺术的活化传承度、E25 景区用地规划编制情况、E26 文物登记及挂牌保护、E27 非物质文化遗产保护措施、E28 聚落风貌的控制措施、E29 突发性环境问题的处理机制、E30 文保机构的设置、E31 保护资金筹集渠道、E32 区位特征、E33 交通可达性、E34 基础服务设施、E35 废水、气、物排放量控制、E36 旅游服务设施
定量指标	GIS 计算并叠加专向图，获取分值	E1 高程、E2 坡向、E3 坡度、E4 土地覆盖、E5 距河流距离、E6 距道路距离、E13 水域类型水平指数、E14 耕地类型水平指数、E15 绿地类型水平指数
	现场调研结合 GIS、CAD 统计面积、数量	E16 山体的绵延程度、E17 植被覆盖程度、E18 水体的形态、E19 地貌的区域组合形式
	根据规划文本、统计数据等资料	E7 文保建筑的最高等级、E8 古迹年代、E9 建筑工艺水平、E10 传统街区的长度及完整性、E11 聚落常住人口比例、E12 传统生产方式的延续性

7.3.5 单项指标赋值方法

1）定性指标

定性指标需要确定指标的含义及分级标准，具体赋值采用专家评分的方法，将得分与分级标准对应从而量化研究指标。研究对于无法用数据表示，但有图片或者影像资料的指标，采用提供图片及影像，请专家打分的方式确定其得分，并取其平均值；对于难以获取图片或者影像的指标，采用现场走访及发放调查问卷的形式获得分值。在评价体系中，

以定性方式评价的指标有传统生产方式的延续性、传统风俗的延续性等
23 个指标（表 7-12）。

2）定量指标

定量研究基于具体的数据，能提供最直观的分析结果以保证评价的
准确性。本书研究中尽量将相关指标数据化表示，所使用的手段包括直
接查阅文献资料、实地测量以及软件辅助计算等手段，其中 ArcGIS 软件
平台提供了重要的技术支持。研究对于能够直接测量、查询获得及计算
获得数据的指标，按照将数据分段对应分值的方法打分；对于无法取得
精确数值，但可以取得相近因素数据的指标，采取列出相近数据或者图表，
再请专家打分的方式。定量研究指标包括高程、坡向等 19 个指标，在评
价体系中占据优势权重（表 7-12）。

3）指标的标准化

所有指标的得分都以十分制的方式进行汇总计算，转换为五个不同
的评判等级，作为横向比较或者描述的参照。评判等级的制定，除了听
取专家意见外，对于权威性研究成果中的评判等级尽量引用②。

7.4　项目评价分析

研究选取西山景区的东村、植里、东西蔡及明月湾四个村落为评价
对象，评价模型将综合评价设置为评价目标，选取景观质量评价、景观
保护与开发评价作为项目层展开评价，下文就每个项目层的评价情况进
行分解。

7.4.1　西山景区乡村景观质量评价

景观质量评价是对乡村景观物质和非物质要素现有状况的综合评价，
包含了对西山景区乡村景观要素的整理及其现状评价。研究选取苏州市
西山景区明月湾、东村、东西蔡及植里四个村落，这些村落既是典型的
江南水乡村落，同时又是具有悠久历史文化的古村落，其中明月湾、东
村是中国历史文化名村（第三批、第四批）。目前四个村落都处在不同
程度的旅游开发过程中，因此景观质量评价体系的制定综合考虑到太湖
风景区的自然条件特征、聚落的人工条件特征及古村人文条件，选择从
布局适宜性、传统聚落原真性、自然景观质量及非物质文化资源质量四
个方面描述该区域乡村景观质量，使评价既能反映古村落传统人文背景，
又能面向未来的开发和保护。

1）布局适宜性评价

布局适宜性评价是本书的重点内容之一，故将其列为独立的章节阐
述其定量研究的方法、过程及结论。具体操作过程中选取与村落布局联
系性最强的因子为指标，充分发挥 ArcGIS 平台的数据叠加功能，将各因

子的数据进行叠加取得整个西山景区的聚落布局适宜性综合评价图③，最后依靠各适宜性区域的面积进行等级划分。布局适宜性评价主要探讨古村落在选址方面与自然要素的融合、村落建设和开发的合理性以及聚落中不同等级适宜性区域的分布特征。

（1）因子选取与模型构建

① 数据来源

研究采用基础数据包括：a.研究区 2013 年 8 月的 Landsat 7 遥感数据包，分辨率为 30 m；b.研究区数字高程模型（DEM），分辨率为 30 m；c.研究区 2013 年 12 月的 QuickBird（快鸟）遥感影像，多光谱波段空间分辨率为 2.4 m，全色波段；d.东村、植里、东西蔡及明月湾古村 2012—2014 年现场调研数据，包括古建筑地理坐标、保存完整度、用途等指标。

② 数据预处理

a.基于影像信息提取

基于 ENVI 5.0 平台，对 Landsat 7 遥感影像进行几何精校正、投影转换和空间子集运算等数据预处理，并利用最大似然监督分类方法将研究区域的土地利用类型加以区分。结合实际情况，将研究区域土地利用类型分为林地、耕地、建设用地、裸地、水体，通过计算，有监督分类的总体分类精度为 85.22%。以谷歌地图为参照，在 ArcGIS 平台上进行研究区道路、水系、聚落斑块的屏幕鼠标跟踪，跟踪聚落斑块时，以道路、林木、河流等为分界，大致以 10—50 户为 1 个单位，方便后续研究。

b.聚落适宜性因子选取

自古以来，聚落的形成往往受到若干要素的综合影响，如地形、水系、地被、道路等。研究结合国内相关研究[3]和研究区内聚落的本底特征，采用两级评价法，即以地形因素、环境因素和社会因素作为研究区聚落空间适宜性分析的一级影响因素，每一级影响因素又包含若干具体的因子。地形因素包括高程、坡向、坡度三个因子；环境因素包括距河流距离、土地覆盖两个因子；社会因素则以距道路距离作为影响因子（表7-13）。

c.单因子适宜性分级

研究采用五级评价体系，即最适宜、较适宜、临界适宜、不适宜、最不适宜。就地形因素，高程是影响聚落分布的重要因子，高程越高，气温越低，交通、通信等越不便。坡度对聚落形成同样有重要影响力，坡度太大会导致建设成本增加，而且容易形成滑坡、泥石流等自然灾害，所以在聚落选址时，应该尽量选择小坡度区域。研究区地处北亚热带，常年以南坡为阳面，因此聚落也宜多以南坡为主。就环境因素而言，河流从古至今是人类聚居的重要依托。西山景区绿化覆盖率高，是区域重要的生态节点，对环境、气候有积极的调节作用，因此选取土地覆盖作为此次评价的一个重要因子，景区内，林地被作为首要保护对象，加以绝对重视，标为最不适宜指标；考虑到研究区多年来的围湖开垦，严重破坏原有水环境，另外在西山景区的规划中明确提出退耕还湖、增加水

③本书尝试多种评价方式，在实际研究中发现，景观生态学专业常用的层次叠加法对于聚落布局适宜性评价具有更高的准确性，且更为直观。因此，虽然前文中确定了高程、坡度、坡向等子指标的权重，但在计算过程中，直接越过依靠权重赋分的过程，以更直接的指标信息叠加图表示不同等级的适宜性范围，村落间的适宜性比较采用斑块数量的多少来决定。

表 7-13　各因子适宜性分级

	最适宜	较适宜	临界适宜	不适宜	最不适宜
高程	0—50 m	50—100 m	100—150 m	150—200 m	200 m
坡度	0°—5°	5°—10°	10°—15°	15°—25°	25° 以上
坡向	南 / 东南 / 西南	平 / 东 / 西	北 / 东北 / 西北	—	—
距河流距离	0—500 m	500—1 000 m	1 000—1 500 m	1 500—2 000 m	2 000 m 以上
土地覆盖	建设用地	裸地	耕地	水域	林地
距道路距离	0—300 m	300—600 m	600—900 m	900—1 200m	1 200 m 以上

域面积、提高水质等措施,将水域作为不适宜指标也是理所当然;而由于目前西山人口逐步减少,老龄化严重[4],青壮年多外出城市打工或者安家,农耕不再是村民主要生计和收入保障,因此,部分耕地可以为未来聚落发展提供备用空间,将其作为临界适宜指标;从 QuickBird 影像上可见,裸地大多为待建用地,所以理应作为适宜区域;另外,已有建设用地作为最适宜。就社会因素,道路是聚落发展、居民生活的重要依托[5](图 7-9)。参考以往研究和城乡规划指标体系等,具体分级如表 7-13所示。

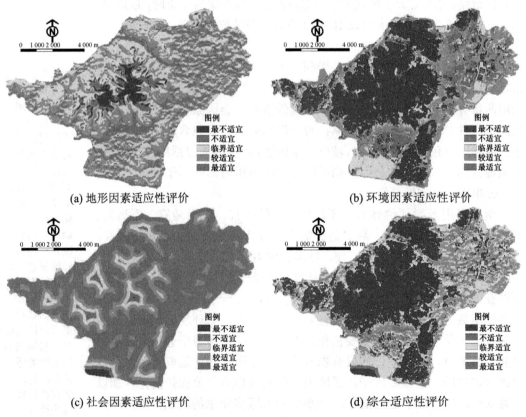

(a) 地形因素适应性评价　　　　(b) 环境因素适应性评价

(c) 社会因素适应性评价　　　　(d) 综合适应性评价

图 7-9　西山景区聚落适宜性评价

d. 景观格局指标构建

景观格局是景观空间结构特征最普遍的形式,景观格局指数则是其在某方面的量化指标[6]。研究从该角度出发,将五级适宜性分区作为不同景观类型,尝试定量分析西山景区适宜性分区的空间布局特征。结合实际情况,基于 Fragstats 3.3 软件平台,选取面积加权的平均形状指标(AWMSI)、斑块平均大小(MPS)、斑块数量(NP)、斑块面积方差(PPSD)四个指标[7],对西山森林公园综合适宜性评价做景观格局分析。AWMSI是各斑块类型中各个斑块的周长与面积比乘以各自的面积权重之后的和,当 AWMSI=1 时,斑块形状为最简单的正方形,而 AWMSI 值往往大于1,且越大表明斑块越复杂。MPS 由某一景观类型的总面积除以该景观类型斑块数目所得,它能反映景观的破碎程度,一个具有较小 MPS 值的景观比一个具有较大 MPS 值的景观更破碎。NP 即某类景观斑块数量总和,是景观格局的一个基础指标。PSSD 是各景观类型斑块的面积方差,是反映各类景观斑块面积偏离均值程度的重要指标。

（2）单因子评价与结果分析

① 地形因素适宜性评价

将高程、坡向、坡度三个二级影响因子采用"千层饼"式叠加[8],基于 ArcGIS 平台的栅格计算模块,令叠加后每个栅格取等位置的最低适宜性指标。地形因素适宜性评价如图7-9（a）,最适宜区域主要处于低海拔、小坡度、南坡地域,位置上大多位于岛屿四周,通过统计可知,其面积为 1 561.23 hm²（表 7-14）,占比为 18.53%；较适宜区域往往与最适宜区域空间相邻；临界适宜区域则是面积最大区域,达 3 035.88 hm²,占比为 36.04%,大多处于北坡,是适宜和不适宜的缓冲地带；不适宜和最不适宜区域同样呈现相邻而生格局,最不适宜区域主要处于高海拔的山峰地区,不适宜区域往往是其下坡地区。整体上呈现出由内向外逐步适宜的大趋势。

② 环境因素适宜性评价

环境因素结合土地覆盖和距河流距离因子,采用同样的叠加方法做适宜性评价［图7-9（b）］。从叠加结果来看,最适宜面积为 1 073.7 hm²,占比为 12.75%,主要位于现有建设用地区域和河流沿岸地区；较适宜区

表 7-14　适宜性分析结果和相关指标

适宜性	最适宜		较适宜		临界适宜		不适宜		最不适宜	
	面积（hm²）	占比（%）	面积（hm²）	占比（%）	面积（hm²）	占比（%）	面积（hm²）	占比（%）	面积（hm²）	占比（%）
地形适宜性	1 561.23	18.53	2 950.47	35.02	3 035.88	36.04	528.30	6.27	348.30	4.14
环境适宜性	1 073.70	12.75	1 862.37	22.11	1 515.60	17.99	71.73	0.85	3 900.78	46.30
社会适宜性	5 678.37	67.41	1 804.95	21.43	722.00	8.57	157.85	1.87	61.01	0.72
综合适宜性	263.34	3.13	1 711.26	20.31	2 341.89	27.80	134.01	1.59	3 973.68	47.17

域面积较大，主要处于岛屿东部和南部地区；临界适宜区域则很多是沿湖鱼塘；不适宜区域最小，面积为 71.73 hm²，仅占 0.85%；最不适宜面积最大，达到 3 900.78 hm²，占比为 46.3%，主要位于林区，是森林公园的核心保护区，严禁作为聚落建设用地。整体上看东西部适宜性差异显著。

③ 社会因素适宜性评价

社会因素考虑到交通对村落的重要影响，从分析结果［图 7-9（c）］可见，由于岛域面积不大，道路纵横交错，网系发达，大部分区域交通便捷，属于聚落发展的最适宜区域，面积达 5 678.37 hm²，占比为 67.41%；而最不适宜区域则是远离道路，主要位于林区深部和西南角的沿湖渔场，面积只有 61.01 hm²，占比仅为 0.72%。整体而言，研究区社会因素的聚落适宜性呈现良好状态。

④ 综合适宜性评价

将以上三个评价结果做叠加处理，得出地形、环境、社会因素对聚落产生的综合效应［图 7-9（d）］。最适宜区域面积为 263.34 hm²，占比为 3.13%；较适宜区域面积为 1 711.26 hm²，占比为 20.31%；临界区域面积为 2 341.89 hm²，占比为 27.80%；不适宜区域面积为 134.01 hm²，占比为 1.59%；最不适宜区域面积为 3 973.68 hm²，占比为 47.17%。可以发现，研究区聚落最不适宜区域面积将近占总量一半，而最适宜区域则面积较小。另外，适宜区域面积较大，可以成为聚落选址的第二选择。最适宜和适宜区域具备优越的综合条件，方位上大多处于岛屿东北部和南部山脚地区，并且两处之间存在串联，为聚落之间的发展交流创造条件。临界适宜区域面积较大，往往穿插在适宜区域之间。不适宜区域面积最小，可以与最不适宜区域联立整体进行分析。

表 7-15 从景观格局角度加以分析，AWMSI 方面，最适宜区域指标值最小，只有约 1.48，说明该区形状最为简单；最不适宜区域指标最大，其形状最为复杂，从图 7-9（d）中也可印证。MPS 方面，最适宜区域指标最小，说明该区比较破碎，成零星分布，这与最适宜区域的因子严格设定要求有关；最不适宜区域该指标最大，标明该区域空间整体性强。NP 方面，临界适宜区域斑块个数最多，不适宜区域最少。PPSD 方面，最适宜区域指标最低，说明该区域斑块面积最为均化，而最不适宜区域

表 7-15 适宜性分区的景观格局指标分析

景观格局指标	面积加权的平均形状指标（AWMSI）	斑块平均大小（MPS）（hm²）	斑块数量（NP）（个）	斑块面积方差（PSSD）（hm²）
最不适宜	6.474 567 398	5.655 538 701	703	104.125 287 7
不适宜	1.686 019 898	0.865 767 885	148	3.666 630 974
临界适宜	3.269 402 949	1.509 720 842	1 542	10.064 864 82
较适宜	3.944 831 493	1.332 800 061	1 284	7.934 600 888
最适宜	1.481 600 783	0.385 810 028	656	0.653 722 758

最大，达到约 104.13 hm²，也反映了该区既存在极大片区，也存在极小斑块，两极分化严重。

⑤ 现状聚落评价

为了方便研究，将聚落以河流、道路、林地等为分界，以 10—50 户为单位，划分为小型聚落斑块。将以上最适宜和较适宜合并为适宜区，临界适宜区为控制区，不适宜和最不适宜合并为禁止区，由此获得西山森林公园聚落发展功能分区（图 7-10）。在此基础上，将聚落斑块加以叠置分析，以每个聚落斑块所包含的主要功能类型作为依据，将之依次分为适宜保留聚落斑块、控制发展聚落斑块和建议搬迁聚落斑块（图 7-11）。

经过统计可知，落于适宜区上的适宜保留聚落斑块面积为 179.12 hm²，共 185 个，并且分布比较集中，主要位于山脚的平整地带；落在控制区的控制发展聚落斑块面积为 103.34 hm²，共 139 个，分布比较零散；落在禁止区的建议搬迁聚落斑块面积为 51.16 hm²，共 68 个，主要分布在现有林区或者北坡地带，这些区域不适宜聚落发展。适宜保留聚落斑块应加强对现存建筑的保护，对违建加以整修，整体上进行统一规划。控制发展聚落斑块应对其中古建筑加以保护，对新建住宅加强监管，不再扩建。建议搬迁聚落斑块是研究的重点对象，因为该斑块中包含部分古建筑，虽然位于不适宜地区，但对其宜采取特殊照顾，对其他建筑建议实施搬迁，并进行土地生态恢复。总而言之，对西山森林公园聚落的研究，应该提倡严格保护、统一管理、合理开发的理念，在保护的基础上对聚落进行合理有序的开发，通过良性互动，推动聚落发展。

⑥ 基于聚落风貌分类的适应性评价

根据现场调研和 GIS 图上测算可知四个村落的各类风貌建筑面积为：东村古村一类风貌建筑总面积为 14 581.44 m²，占 31.37%；二类风貌建筑总面积为 9 383.15 m²，占 20.19%；三类风貌建筑总面积为 21 142.51 m²，占 45.49%；四类风貌建筑总面积为 1 372.31 m²，占 2.95%。由此可见，东村古村以三类风貌建筑为主，二类、一类风貌建筑相对保留较多，而四类风貌建筑很少。植里古村没有一类风貌建筑；二类风貌建筑总面积

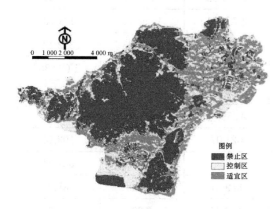

图 7-10　西山景区聚落发展功能分区

图 7-11　现状聚落分析

为 34 819.79 m²，占比 49.09%；三类风貌建筑总面积为 23 104.69 m²，占比为 32.58%；四类风貌建筑总面积为 13 000.37 m²，占比为 18.33%。东西蔡村一类风貌建筑总面积有 21 636.73 m²，占比为 10.81%；二类风貌建筑总面积为 126 449.25 m²，占比为 63.17%；三类风貌建筑和四类风貌建筑总面积分别为 36 720.97 m² 和 15 371.59 m²，占比为 18.34% 和 7.68%。明月湾村一类风貌建筑面积为 3 979.02 m²，占比 33.15%；二类风貌建筑面积为 4 268.36 m²，占比为 35.56%；三类和四类风貌建筑总面积分别为 3 116.31 m² 和 638.07 m²，占比为 25.97% 和 5.32%。

将东村、植里、东西蔡及明月湾古村的用地边界与西山景区整体聚落适应性分区［见前图 7-9（d）］叠加，获得每个村落各类风貌建筑不同适宜性区域的面积（表 7-16）。

（3）评价结果及分析

① 评价结果

对每个村落中不同适宜性区域面积的计算，可以求得适宜性区域面积的占比（表 7-17），为了方便打分，研究将适宜性等级中的"最适宜"和"较适宜"作为村落布局适宜性评价的参考标准，经计算可知东村、植里、东西蔡及明月湾四个古村的布局适宜性比例分别为 89.61%、74.95%、69.86% 和 80.24%。

表 7-16　基于建筑风貌层级的西山景区古村聚落适宜性分析

	聚类适宜性	最适宜（m²）	较适宜（m²）	临界适宜（m²）	不适宜（m²）	最不适宜（m²）
东村	一类风貌	8 895.03	4 987.30	338.04	120.71	240.36
	二类风貌	4 047.71	3 734.21	1 140.17	103.78	357.28
	三类风貌	7 510.79	11 515.18	1 423.32	231.13	462.09
	四类风貌	0.00	959.40	412.91	0.00	0.00
植里	一类风貌	0.00	0.00	0.00	0.00	0.00
	二类风貌	10 204.23	19 806.35	3 600.79	1 010.21	198.21
	三类风貌	9 570.20	5 510.10	6 421.32	1 301.06	302.01
	四类风貌	4 255.11	3 812.30	3 734.51	1 056.72	141.73
东西蔡	一类风貌	7 512.39	10 310.21	1 781.92	1 710.08	322.13
	二类风貌	39 721.85	49 196.37	27 456.20	8 976.45	1 098.38
	三类风貌	5 976.72	14 981.56	13 154.19	1 219.34	1 389.16
	四类风貌	3 467.81	8 678.19	2 279.12	378.10	568.37
明月湾	一类风貌	1 976.93	1 456.38	321.07	121.48	103.16
	二类风貌	1 200.34	2 312.19	328.83	105.36	321.64
	三类风貌	821.67	1 363.70	619.81	123.06	188.07
	四类风貌	378.34	120.37	139.36	0.00	0.00

按照从最适宜到最不适宜共分为五个等级，并赋予具体的打分标准（表7-18），作为整体评价体系的因素之一，用于总评价研究使用[④]。对应村落适宜性比例，四个村落的得分为：东村9.01分，植里7.45分，东西蔡6.99分，明月湾8.01分。根据总评价体系中布局适宜性的权重0.175 8，求得四个村落的评价得分分别为1.584分、1.310分、1.229分和1.408分（表7-19）。

②评价分析

西山景区乡村景观布局适宜性评价采用了GIS平台基础上的数据叠加方式。从考察结果来看：a. 四个古村聚落的适宜性都较高。横向比较来看，东村古村的聚落处于"最适宜"和"较适宜"区域的比例最大，明月湾、植里和东西蔡村的聚落适宜性区域依次递减。这说明东村的聚落的选址和布局在四个村落中略有优势，而作为历史文化名村的明月湾村同样得分较高，反映出村落选址和布局的优势，植里和东西蔡村受交通要素的影响，得分稍低。b. 从四个古村建筑风貌布局来看，一类和二类建筑适宜性较高，三类和四类相对较低，这说明村落内历史建筑的选址和布局对自然条件的考量较多，体现了古人在聚落选址和营造方面的智慧，而20世纪70—80年代的建筑随着建筑技术水平的提高，则对环境要素考虑较少。c. GIS数据平台能够以数据叠加的形式反映出聚落的适宜性程度，可以实现直观的图上比较，为定量研究布局适宜性评价提供了新的方式。

[④]单纯作为布局适宜性评价来说，测算出最适宜到最不适宜五个等级的面积即可，而作为综合评价的七个因素之一来说，需要对整个村落的适宜性进行描述，按照适宜性等级将其转化为十进制的分值，便于后续计算。

表7-17 西山景区各村落适宜性区域占比表（％）

村落名称	最适宜	较适宜	临界适宜	不适宜	最不适宜
东村	44.01	45.60	7.13	0.98	2.28
植里	33.88	41.07	19.40	4.74	0.91
东西蔡	28.31	41.55	22.31	6.14	1.69
明月湾	36.47	43.77	11.73	2.92	5.11

表7-18 西山景区村落布局适宜性评分标准

	最适宜	较适宜	临界适宜	不适宜	最不适宜
适宜性比例（％）	90—100	70—89	50—69	30—49	1—29
得分（分）	9.00—10.00	7.00—8.99	5.00—6.99	3.00—4.99	1.00—2.99

表7-19 西山景区村落布局适宜性评分得分

	东村	植里	东西蔡	明月湾
适宜性比例（％）	89.61	74.95	69.86	80.24
得分（分）	9.01	7.45	6.99	8.01
加权后得分（分）	1.584	1.310	1.229	1.408

2）传统聚落原真性评价

传统聚落原真性指的是古村落遗产的原真性和稀缺性，是古村落景观特色的重要体现，不仅包括物质遗产的真实性，而且涵盖了非物质层面的技术工艺、民间艺术及民风民俗。对聚落原真性的评价是景观质量评价的重要组成部分。从指标的层次来说，不仅考察单体特色建筑的完整性和原真性，而且从聚落、街区层面强调风貌的一致性；从评价对象的形式来看，不仅考察村落景观中物质要素的原真性，而且将乡村功能和传统技艺等非物质要素的传承列入评价体系中；从指标的级别来说，不仅考察文保单位建筑的保存现状及原真性，而且将具有较高地域特色但未能列入文保单位的传统建筑纳入评价体系，保证评价的全面性和真实性。

（1）指标选取与模型构建

① 指标选取

研究以东村、植里、东西蔡及明月湾作为研究对象，在全面调研村落景观要素的基础上，构建传统聚落原真性评价模型，对比分析四个古村落的景观原真性等级。加强了街区布局、建筑风貌、人文传承等方面的指标，侧重能反映传统村落特征的指标。根据西山景区乡村聚落的特征，选取聚落特征典型性、核心区风貌完整度及聚落功能延续性三个指标和六个子指标进行综合评价。

② 评价模型的构建

⑤此处的评价目标为本小节的目标，在西山景区乡村景观综合评价体系中为景观质量评价层次下的一部分，同时为了区分定性和定量研究，将布局适宜性和此小节分开阐述。
⑥由于多数建筑目前仍然在使用中，因此实地调研过程中偶尔遇到户主不在而无法进入建筑内部调研的情况，采用走访和外观描述的打分方法。

设定评价目标为聚落景观质量评价⑤，将选定的三个因素细分为七个指标，构建出传统聚落原真性的评价模型（表7-20）。其中，聚落特征典型性是指传统聚落的风貌特征，依靠传统建筑、文物古迹的数量及等级表现，对应评价模型中的传统建筑面积、历史街区数量、估计数量、文保建筑的最高等级、古迹年代及历史事件等级等指标。核心区风貌完整度指的是聚落核心区域的建筑和街区的完整程度，包括核心区历史建筑风貌等级、核心区传统建筑的连续性及核心区历史街区完整度等方面。聚落功能的延续性属于乡村景观非物质层面的评价，包括聚落常住人口的比例、传统生产方式的延续性、传统节日手工艺的数量及传统风俗的延续性等方面。

（2）数据来源与评价标准

① 数据来源

研究中各指标的数据来源于现场调研、文献资料、规划文本及各级政府统计数据，制定出文物古迹资源表（表7-21至表7-25）。为确保评价的准确性，尽量采用数据定量的方式确定指标分值，对于无法获取数据的指标，采取专家打分的方式。指标中的建筑规模主要通过文献资料查询、现场测量等方式获得，而对于难以测量的建筑采取CAD或者卫星图测量的方式；对于建筑或街区保存现状完整性的评价，以现场调研情况为基础，部分难以调研的采取资料查阅的方式描述⑥。指标中非物质层面的指标，以实地调研走访的结果为主，结合相关资料的查阅完成打分。

　　② 评价标准

　　从研究区域实际情况出发，制定出符合西山景区的评价等级，对于文献资料中已有的评价等级划分方法[⑦]，在引用的同时采取兼顾研究区域特色的处理方法（表 7-21）。

⑦聚落原真性评价的部分指标参照了《中国历史文化名镇（村）评价指标体系（试行）》（2005 年），但对其评分标准进行了修改以适应本书研究的综合评价体系。

表 7-20　聚落空间典型性和功能延续性评价模型

因素	指标	说明
D2 聚落空间典型性	E7 文保建筑的最高等级（0.024 5）	聚落中现有文保单位的最高等级
	E8 古迹年代（0.014 1）	现存传统建筑、文物古迹最早修建年代
	E9 建筑工艺水平（0.020 4）	聚落建筑精细程度、典型程度
	E10 传统街区的长度及完整性（0.009 5）	传统建筑景观连续的最长历史街区
D3 聚落功能延续性	E11 聚落常住人口比例（0.029 1）	核心区常住人口中原住居民比例
	E12 传统生产方式的延续性（0.029 7）	传统农业生产工具的使用；生产项目、生产方式的延续

表 7-21　聚落空间典型性和功能延续性评价指标标准

指标	评价标准
E7 文保建筑的最高等级	县市级 1—3 分；省级 4—6 分；国家级 7—10 分
E8 古迹年代	民初 1—3 分；明、清年代 4—6 分；元代及以前 7—10 分
E9 建筑工艺水平	仅有简单装饰 1—3 分；装饰及工艺一般 4—6 分；工艺精细、装饰精美 7—10 分
E10 传统街区的长度及完整性	300 m 及以下 1—3 分；301—500 m 为 4—6 分；501 m 及以上 7—10 分
E11 聚落常住人口比例	60% 及以下 1—3 分；60%—75% 为 4—6 分；75% 及以上 7—10 分
E12 传统生产方式的延续性	1—2 项 1—3 分；3—4 项 4—6 分；4 项以上 7—10 分

表 7-22　东村文物古迹资源表

类型	名称	年代	规模	保护级别	特色及相关人物或事件	现状
古民居	敬修堂	清乾隆	1 866 m²	省文保单位	西山现存面积最大的古建；由徐联习创建；传说乾隆金屋藏娇之地；《橘子红了》《庭院里的女人》等影视作品的取景地	保存较完整
	凝翠堂	清康熙	750 m²	市控保建筑	典型的江南民居，现存门前石刻精细	空置，尚存两进
	学圃堂	清乾隆	250 m²	市控保建筑	堂名出自《论语·子路》	保存完好

类型	名称	年代	规模	保护级别	特色及相关人物或事件	现状
古民居	绍衣堂	明代	400 m²	市控保建筑	门楼基本构件存在，雕刻精美；门楼题字作者周鄂为乾隆年间进士，善书画	主体尚存
	维善堂	清乾隆	700 m²	市控保建筑	现存大门、门厅、门楼、楼厅、后楼等，楼厅保持原貌，其余均进行过改建	保存较完整
	孝友堂	明代	—	市控保建筑	—	保存较完整
	敦和堂	清乾隆	200 m²	市控保建筑	共三进，第一进大厅九架五开间，台基及梁、柱保留较好；门楼雕刻精美；外墙为新建，内墙面有"文革"时期图案	主体尚存
	萃秀堂	清乾隆	1 100 m²	市级文保单位	现存五进，门厅、轿厅已毁，均为五架梁，原共七进，第三进为大厅，九架梁，保存较为完整，两侧有厢房；第四进大厅现存但已被改造；第三进后西侧现存宋井一口	现存五进，第三进为原貌保存
古祠堂	徐家祠堂	清乾隆	952 m²	市级文保单位	徐联习创建；保存有精美的木雕、砖雕、石雕和苏式彩绘，为江南地区保存彩绘最多的建筑之一；2009 年重修发现清乾隆三十二年（1767 年）著名历史学家王鸣盛撰写的《东园徐氏祠堂记》碑，以及半块刘墉为殷氏题写的"贞寿毓贤"碑	仅存前厅为原构建筑
古巷门	栖贤巷门	明代	宽 2.1 m，进深 1.8 m	省级文保单位	巷门讲究，为硬山顶砖木结构，四周设青石压沿，中间用小砖铺地。四根立柱柱头带有卷杀，上置栌斗，四角刻海棠曲线，施雀替，支承脊檩。前后柱之间设有坐板，供人憩息	保存完整
古街巷	东村大街	—	长 800 m	—	一条东西走向，两侧有多条支巷，呈"丰"字形格局，路面为弹石、石板、青砖，街道一侧为排水明沟，两旁的古宅以清乾隆、嘉庆年间的为多	仍在使用

表 7-23　植里村文物古迹资源表

类型	名称	年代	规模	保护级别	特色及相关人物或事件	现状
古民居	秀之堂	清嘉庆	200 m²	—	有砖雕门楼	现存二进，已改建
	仁寿堂	明代	—	市级文保单位	均保留较多明代特征，山雾云、抱梁云及荷叶墩均雕刻细腻，线条流畅，有较高的艺术价值	现仅存两进
古祠堂	金氏宗祠	清代	150 m²	—	原植里小学校址	现存一进
	罗氏宗祠	清代	80 m²	—	原为集体仓库	60% 损毁
古庙	里庵	清代	100 m²	市级文保单位	已严重损毁，文保牌遗失，有 4 只精美柱础	损毁严重

类型	名称	年代	规模	保护级别	特色及相关人物或事件	现状
古街	植里古道	清康熙	长 158 m	市级文保单位	由 448 块长 1.5 m 的花岗岩条石铺筑，平正笔直	保存完好
古桥	永丰桥	清康熙	—	市级文保单位	单孔拱形，花岗石砌，灰黄颜色	保存完好
古树	古香樟群	500 年树龄	—	市一级保护树木	5 株古樟树一字排开	生长茂盛

表 7-24　东西蔡村文物古迹资源表

类型	名称	年代	规模	保护级别	特色及相关人物或事件	现状
古民居	石板街	清代	长 600 m、宽 2.6 m	—	以青石、花岗岩条石铺设，下设排水道	原状保存，仍为重要通道
	春熙堂	清道光	201 m²	市级文保单位	建筑精美，原为蔡氏初建，花园内多湖石	仅存门楼、女厅、缀锦书屋
	承德堂	清乾隆	801 m²	—	原为东粮站，现已出售给外地人，部分改为教堂	—
	余庆堂	清乾隆	801 m²	市级文保单位	保存最为完好的民居，现大厅、厢房、门楼完好无损	保存完好
古民居	启绣堂	清代	301 m²	—	楼上铺方砖为其一大特色	门楼和主体建筑都保存完好
	爱日堂	清乾隆	230 m²	市级文保单位	砖雕、木雕精美；前院多湖石，大型湖石盆景是从已坍塌的邀月亭中搬迁到此的，书房西壁上残存有清代白描画《西湖全景图》	仅存位于屋西的花园一座，由村民居住
	芥舟园	清乾隆	1 300 m²	市级文保单位	亦称秦家花园，位于秦家堡缥缈小学旁，现为私房，房主秦澈，秦氏世代行医，医药文化底蕴深厚	—
古墓葬	诸稽郢墓	清光绪	—	市级文保单位	春秋时越国大夫诸稽郢古墓	现完好保存
	秦仪墓	南宋（清康熙重立）	约 10 亩	市级文保单位	著名词人秦观八世孙秦仪与宋娥明公主合葬墓	墓碑尚存，封土完整
古桥	香花桥	清代	—	—	青石双曲拱桥，旁边有 2 株古银杏	保存完好
古井	画眉双井	明代	—	—	该井相传为吴王携西施在消夏湾避暑时西施画眉所用，但从井栏与盖板石形制质地看，当为明代古井	井台尚存
古寺	上方寺	唐会昌	—	—	寺内有"真源井"一口，现井圈在附近果林内	仅残存少量构件

表 7-25 明月湾村文物古迹资源表

类型	名称	年代	规模	保护级别	特色及相关人物或事件	现状
古民居	敦伦堂	明代	140 m²	—	姚家老宅；普通农户住宅；前后两进，布局紧凑	保存较完整
	瞻瑞堂	清乾隆	1 083 m²	市控保建筑，市文保单位	吴家老宅；建筑空间分割合理，功能划分清晰。其中一部分改作裕耕堂	保存完好
	裕耕堂	清嘉庆	744 m²	市控保建筑，市文保单位	原为瞻瑞堂一部分，由东西并列的两个院落组成，其中门楼、书楼窗格装饰雕刻精美	保存完好
	礼和堂	清乾隆	450 m²	市控保建筑	建筑高两层，分东西两路，西路书斋为花篮厅结构，制作精良	保存较完整
	礼耕堂	清乾隆	350 m²	市控保建筑	吴家老宅；砖雕门楼题字为清乾隆年间的状元西山人秦大成书。大厅墙壁上有"大跃进"墙头诗画，系著名作家艾煊在下放到明月湾期间所作	保存较完整
	瞻禄堂	清代	754 m²	市控保建筑	吴家老宅，格局与瞻瑞堂类似	沿街外墙完整
	凝德堂	清代	538 m²	市控保建筑	秦家老宅，建筑功能齐备，装饰精美	厅堂、家具陈设及匾额为原构件
	汉三房	清代	950 m²	市控保建筑	现存三进建筑门厅、大厅、内楼均为楼屋，并设砖雕门楼。楼梯位置与一般民居有所不同	保存较完整
	仁德堂	清代	435 m²	市控保建筑	建筑装饰精美，曾有精美的带有砖木雕刻的门楼等构件	残存基本墙垣
	姜宅	—	—	市控保建筑	—	保存较完整
古祠堂	黄氏宗祠	清乾隆	930 m²	市控保建筑	门楼砖雕丰富、精美，室内木刻风格独特；其匾额为苏轼所提。现开发为明月湾村史展览馆	门厅、享堂等主要建筑均为原构
	秦氏宗祠	清乾隆	350 m²	市控保建筑	明月湾秦氏是西山秦家堡秦氏的分支，西山秦氏是宋代著名词人秦观（即秦少游）的直系后裔。现开发为财神殿	保存较完整
	邓氏宗祠	清乾隆	950 m²	—	西山邓氏为南宋望族南迁至此；祠堂建筑宽敞高大、沿河石栏杆雕刻精美。现辟为廉吏暴式昭纪念馆，为廉政教育和爱国主义教育基地	重建后保存完好
古码头	古码头	清乾隆	长 58 m、宽 4.6 m	市控保建筑	由巨大的花岗岩石条铺成，是明月湾与外界联系的重要通道	保存完好，仍在使用中
古街	石板街	清代	长 1 140 m	—	街巷纵横交叉，路面用 4 560 余块花岗岩条石铺成，下设排水沟，至今排水通畅，有"明湾街，雨后穿绣鞋"之称	保存完好，仍在使用中
古桥	明月桥	民国重建	长 10 m	—	原为进入古村的重要通道	保存完整
古庙	明月禅院	明清	1 100 m²	市控保建筑	俗称明月寺，为西山地区原始乡土信仰文化的物证	殿堂为原构件
古井	古井	宋代	—	—	有明月泉古井、宋代古井两处	井台尚存
古树	古樟树	树龄 1 200 年	直径 2 m	市一级保护树木	位于村口湖边，形成颇具特色的景观	生长繁盛

（3）评价结果及分析

① 评价结果

从研究区域实际情况出发，制定出符合西山景区的评价等级，对于文献资料中已有的评价等级划分方法，在引用的同时采取兼顾研究区域特色的处理方法。根据评分标准，将乡村景观文物古迹资源表与评分标准中的各项指标相对应，获得具体的得分，再使用在总评价体系中制定的指标权重对各项指标的得分加权计算，得到四个村落的聚落空间典型性和功能延续性评价总得分为东村 0.662 4 分，植里 0.536 5 分，东西蔡 0.553 0 分，明月湾 0.637 5 分（表 7-26）。

② 评价分析

西山景区内的村落集中了吴中区乃至整个苏州市的古村落，从评价得分来看，以明清建筑为主的聚落景观具有较高的原真性。将东村、植里、东西蔡及明月湾四个村落的聚落原真性评价得分进行比较可以发现，明月湾的得分最高，东村紧随其后，东西蔡村和植里古村最低。

分析其原因：a. 由于明月湾开发较早，整体聚落风貌的传统性较好，从指标得分来看，明月湾古村在街区数量、街区完整性、估计年代等指标中得分均为最高，同时在传统风俗的延续性、传统节日和手工艺的数量等方面也占据优势，在历史事件和相关人物指标的得分方面也是最高，反映出明月湾在村落景观物质和非物质层面的原真性都较高。b. 东村古村的聚落原真性不及明月湾，但其资源的完整度和丰富程度较高，同时东村的文保单位在四个村落中最多，传统街区连续性较高，保证了其村落原真性。c. 东西蔡村得分相对较低的原因都是由于传统建筑保护状况不够造成的，东西蔡村的传统建筑面积是四个村落中最高的，但在调研过程中发现，几座有价值的传统建筑都出现坍塌和荒废的情况，造成了聚落风貌的不连续性。d. 植里古村得分较低的原因是村落传统街区面积较小，整体建筑风貌较低，缺少一类风貌建筑，文物估计也相对较少，传统建筑呈分散分布状态，这些因素影响了街区风貌的整体性。

表 7-26　聚落空间典型性和功能延续性评价得分（加权后）

指标	权重	评价得分			
		东村	植里	东西蔡	明月湾
E7 文保建筑的最高等级	0.024 5	0.150 6	0.075 3	0.075 3	0.075 3
E8 古迹年代	0.014 1	0.096 6	0.096 6	0.128 8	0.128 8
E9 建筑工艺水平	0.020 4	0.165 6	0.144 9	0.165 6	0.165 6
E10 传统街区的长度及完整性	0.009 5	0.145 6	0.109 2	0.072 8	0.163 8
E11 聚落常住人口比例	0.029 1	0.052 0	0.052 0	0.052 0	0.058 5
E12 传统生产方式的延续性	0.029 7	0.052 0	0.058 5	0.058 5	0.045 5
合计	0.127 3	0.662 4	0.536 5	0.553 0	0.637 5

3）自然景观质量评价

（1）指标选取与模型构建

自然景观质量评价强调从乡村景观的自然基底角度对聚落景观进行评价，将西山景区的自然条件作为客观对象进行分析。西山景区处于太湖之中，四面环水，地形高低起伏，兼具山水景色之利，自然条件得天独厚；同时拥有丰富历史人文背景的聚落景观，呈现出精细素淡的气质，不仅具备完善的使用价值，而且成为地域文化的审美符号。研究根据西山景区乡村景观的基本特征，选取生态资源质量和自然景观美景度两个方面作为评价的基本因子，并细分为七个指标，构建出自然景观质量评价体系，具体如表7-27所示。

（2）数据来源与评价标准

自然景观质量属于定性和定量相结合的研究范畴，评价研究所使用的资料来自于现场调研和文献资料。首先，在现场调研中，对东村、植里、东西蔡及明月湾四个古村进行全面调研，使用的手段包括拍照、测量、手持GPS定位及录像等方法；其次获取第一手的研究数据后，根据研究区域特征及乡村景观构成元素进行素材整理，建立信息体系，并将村落信息与评价体系进行对应；再次，从西山景区实际情况出发，制定自然景观美景度指标评价标准（表7-28），要求评价标准的等级既能符合村落构成元素的具体信息，又要突出各村落之间的对比性；最后邀请相关专家对村落进行打分，求取各位专家打分的平均值。

表7-27　自然景观质量评价模型

因素	指标	子指标	说明
C2 自然景观质量	D4 生态资源质量	E13 水域类型水平指数	选取面积比（PLAND）、最大斑块指数（LPI）、平均斑块面积（AREA_MN）、相似邻接比例度（PLADJ）、连接性指数（CONNECT）进行测算
		E14 耕地类型水平指数	
		E15 绿地类型水平指数	
	D5 自然景观美景度	E16 山体的绵延程度	从视觉上感受到的山体的连续性
		E17 植被覆盖程度	各类植被的覆盖程度
		E18 水体的形态	水体形态的连续性、空间丰富度
		E19 地貌的区域组合形式	山水组合的美感程度

表7-28　自然景观美景度指标评价标准

指标	评分标准
E16 山体的绵延程度	连续度低1—3分；一般4—6分；丰富7—10分
E17 植被覆盖程度	覆盖度一般1—3分；一般4—6分；无明显裸地，覆盖度高7—10分
E18 水体的形态	线性空间无转折1—3分；2—3次转折4—6分；转折4次以上7—10分
E19 地貌的区域组合形式	层次单一1—3分；层次基本明晰4—6分；层次丰富7—10分

（3）评价结果及分析

① 评价结果

以专家打分为基础，使用综合评价体系的指标权重进行最后计算，得出四个村落的环境美感度各项指标的评价得分，并将加权计算后得出的各项指标得分进行合计，得到每个村落的环境美感度得分，具体结果如表7-29、表7-30所示。

② 评价结果

根据东村、植里、东西蔡及明月湾四个古村落的环境美感度评价结果可知，四个村落的环境美感度评价都较高，这得益于西山岛的湖山风光和聚落环境特色，其中明月湾的得分最高，然后依次是东村、植里，

表7-29　自然美景度评价得分（加权后）

指标	权重	评价得分			
		东村	植里	东西蔡	明月湾
E16 山体的绵延程度	0.026 3	0.025 2	0.020 16	0.019 8	0.028 8
E17 植被覆盖程度	0.021 2	0.040 6	0.034 22	0.034 8	0.046 4
E18 水体的形态	0.019 5	0.008 8	0.007 59	0.006 6	0.009 9
E19 地貌的区域组合形式	0.022 1	0.105 0	0.100 80	0.070 0	0.126 0
合计	0.089 1	0.179 6	0.162 77	0.131 2	0.211 1

表7-30　生态资源质量评价得分（加权后）

因素	指标	子指标	东村	植里	东西蔡	明月湾
D4 生态资源质量	E13 水域类型水平指数	PLAND	12.71	10.88	11.70	13.32
		LPI	3.29	4.04	3.36	3.26
		AREA_MN	1.04	0.73	0.83	1.12
		PLADJ	4.66	2.75	3.51	4.36
		CONNECT	2.12	2.00	1.84	2.32
	E14 耕地类型水平指数	PLAND	11.81	10.16	11.49	10.31
		LPI	0.35	0.68	0.35	0.71
		AREA_MN	0.25	0.40	0.46	0.45
		PLADJ	10.63	16.28	14.22	18.81
		CONNECT	2.61	5.19	2.19	2.99
	E15 绿地类型水平指数	PLAND	17.79	10.40	11.54	19.8
		LPI	1.38	0.79	1.18	2.08
		AREA_MN	0.41	0.19	0.24	0.16
		PLADJ	14.08	11.63	13.01	15.70
		CONNECT	0.68	1.32	0.43	0.63

最后是东西蔡村。a. 明月湾作为中国历史文化名村，其传统聚落的完整性是最好的，这在环境美感度评价中也得到体现，在线性空间的复杂性、空间类型的多样化、聚落空间的层次性等感性要素的得分中都是最高值，反映出明月湾古村旅游开发的良好管理体制和保护模式，同时在旅游开发的带动下，村民也有维护环境清洁的意识；b. 东村古村得分次之，单在乡村景观自然性等指标中得分较高，说明东村具有良好的聚落景观基础和村民对生态环境的维护意识；c. 植里古村和东西蔡村得分相对较低，植里古村虽然传统聚落的连续不够，但由于现存传统景观节点的美感度较强，如村口的古樟树、植里古桥等景点，使得整体村落的环境美感度高于东西蔡村；d. 东西蔡村受村内贯通的公路的影响，主要视觉廊道内景观要素多为新建，而村落内部大量传统建筑保护情况较差，坍塌和荒废情况严重，这些因素影响到了专家打分。综上所述，西山景区乡村景观环境美感度的评价整体得分较高，各村落得分因区位、聚落条件及开发模式的不同而异，评价结果与现场调研情况一致。

4）非物质文化资源质量评价

（1）指标选取与模型构建（表 7-31）

（2）评价结果（表 7-32）

（3）评价分析

根据东村、植里、东西蔡及明月湾四个古村落的非物质文化资源质量评价结果可知，四个村落评价得分都较高，原因是选点村落都是西山岛的古村落，其历史文化背景深厚，传统节日和传统风俗保存较好，其

表 7-31　非物质文化资源质量评价体系

D6 传统风俗（0.098 0）	E20 传统风俗的种类和级别（0.039 8）
	E21 传统节日的数量（0.015 1）
	E22 传统风俗的延续性（0.019 3）
D7 传统艺术（0.059 0）	E23 民间艺术的种类和级别（0.031 8）
	E24 民间艺术的活化传承度（0.027 2）

表 7-32　非物质文化资源质量评价得分（加权后）

指标	权重	评价得分			
		东村	植里	东西蔡	明月湾
E20 传统风俗的种类和级别	0.039 8	0.024 1	0.019 16	0.019 8	0.025 8
E21 传统节日的数量	0.038 9	0.041 7	0.024 22	0.024 8	0.046 4
E22 传统风俗的延续性	0.019 3	0.009 8	0.007 56	0.005 6	0.009 9
E23 民间艺术的种类和级别	0.031 8	0.105 0	0.100 80	0.070 0	0.126 0
E24 民间艺术的活化传承度	0.027 2	0.002 8	0.001 56	0.002 6	0.003 9
合计	0.157 0	0.183 4	0.153 30	0.122 8	0.212 0

中得分最高的是明月湾，然后依次是东村、植里，最后是东西蔡村。

7.4.2 西山景区乡村景观保护与开发评价

乡村景观的保护和开发是景观质量和价值的保证，因此研究将其列为与前两者平行的评价项目。研究针对的四个村落处于西山景区中，目前正在开发过程中，研究其开发和保护状况的评价可以从动态角度对村落发展进行把握。

1）指标选取与模型构建

保护与开发评价考虑到保护现状和未来发展，包括保护措施评价和开发条件评价两部分，每一部分又分为若干因素层，保护措施的因素层为保护措施和保护机制两个因素；开发条件评价选取的因素为基础建设条件、市场运营条件和未来发展动力三个因素；进一步将5个因素细化为18个指标。评价模型如表7-33所示。

2）数据来源与评价标准

开发和保护属于人为活动，因此多数指标是有具体统计资料的，研

表 7-33 西山景区乡村景观开发与保护评价模型

项目	因素	指标	子指标
B2 保护与开发评价	C4 保护措施评价	D8 保护措施	E25 景区用地规划编制情况（0.019 4）
			E26 文物登记及挂牌保护（0.064 7）
			E27 非物质文化遗产保护措施（0.029 6）
			E28 聚落风貌的控制措施（0.012 4）
		D9 保护机制	E29 突发性环境问题的处理机制（0.042 0）
			E30 文保机构的设置（0.023 0）
			E31 保护资金筹集渠道（0.041 0）
	C5 开发条件评价	D10 基础建设条件	E32 区位特征（0.011 6）
			E33 交通可达性（0.020 4）
			E34 基础服务设施（0.022 2）
			E35 废水、气、物排放量控制（0.014 7）
			E36 旅游服务设施（0.008 6）
		D11 市场运营条件	E37 社会经济条件（0.021 6）
			E38 政策支持力度（0.022 4）
			E39 旅游服务管理水平（0.022 1）
		D12 未来发展动力	E40 未来政策支持力度（0.020 6）
			E41 未来资金支持力度（0.026 1）
			E42 客源市场潜力（0.027 7）

究尽量搜集统计数据和规划文本，保证评价指标的客观性。因此研究采用专家打分的方式进行，将各个村落的信息列出，请相关专家对西山景区四个村落进行模糊打分。最后将所有问卷各个单项求和取平均值，即为每个评价因子的得分值。

评价标准的制定以西山景区乡村景观保护和开发情况调查为基础，参照了相关文献中的标准，要求方便打分的同时突出每项指标的变化幅度，具体标准如表 7-34 所示。

3）评价结果及分析

（1）评价结果

保护和开发评价同样属于定性分析，对于能查到具体数据的指标，研究尽量列出每条指标的具体情况；对于程度比较的指标，尽量找到相关图片、文献或者视频，辅助专家打分，保证评分的客观性。根据上述流程计算后得到西山景区乡村景观开发和保护评价各项指标的具体得分，并对各项指标求和，计算出每个村落的开发和保护评价总得分如表7-35 所示。

表 7-34　西山景区乡村景观开发与保护评价评分标准

指标	评分标准
E25 景区用地规划编制情况	已规划 3—5 分；已批准实施 6—10 分
E26 文物登记及挂牌保护	差 1—2 分；一般 3—4 分；好 5—6 分；较好 7—8 分；优秀 9—10 分
E27 非物质文化遗产保护措施	已制定 3—5 分；已正式颁布 6—10 分
E28 聚落风貌的控制措施	已制定 3—5 分；已正式颁布 6—10 分
E29 突发性环境问题的处理机制	已制定 3—5 分；已正式颁布 6—10 分
E30 文保机构的设置	已制定 3—5 分；已正式颁布 6—10 分
E31 保护资金筹集渠道	有机构 3—5 分；成立政府牵头的保护协调机构 6—10 分
E32 区位特征	民间渠道 3—5 分；经营性收入渠道 6—7 分；政府财政支持 8—10 分
E33 交通可达性	交通闭塞 1—3 分；公路交通方便 3—5 分；水、陆交通方便 6—10 分
E34 基础服务设施	差 1—2 分；一般 3—4 分；好 5—6 分；较好 7—8 分；优秀 9—10 分
E35 废水、气、物排放量控制	差 1—2 分；一般 3—4 分；好 5—6 分；较好 7—8 分；优秀 9—10 分
E36 旅游服务设施	差 1—2 分；一般 3—4 分；好 5—6 分；较好 7—8 分；优秀 9—10 分
E37 社会经济条件	差 1—2 分；一般 3—4 分；好 5—6 分；较好 7—8 分；优秀 9—10 分
E38 政策支持力度	差 1—2 分；一般 3—4 分；好 5—6 分；较好 7—8 分；优秀 9—10 分
E39 旅游服务管理水平	弱 1—2 分；一般 3—4 分；强 5—6 分；较强 7—8 分；很强 9—10 分
E40 未来政策支持力度	弱 1—2 分；一般 3—4 分；强 5—6 分；较强 7—8 分；很强 9—10 分
E41 未来资金支持力度	弱 1—2 分；一般 3—4 分；强 5—6 分；较强 7—8 分；很强 9—10 分
E42 客源市场潜力	差 1—2 分；一般 3—4 分；好 5—6 分；较好 7—8 分；优秀 9—10 分

表 7-35　西山景区乡村景观开发与保护评价得分（加权后）

指标	权重	评价得分			
		东村	植里	东西蔡	明月湾
E25 景区用地规划编制情况	0.019 4	0.118 40	0.116 92	0.118 40	0.133 20
E26 文物登记及挂牌保护	0.064 7	0.233 05	0.224 20	0.227 15	0.265 50
E27 非物质文化遗产保护措施	0.047 0	0.399 50	0.399 50	0.399 50	0.423 00
E28 聚落风貌的控制措施	0.012 4	0.140 25	0.138 38	0.136 51	0.166 43
E29 突发性环境问题的处理机制	0.042 0	0.242 72	0.233 84	0.210 16	0.266 40
E30 文保机构的设置	0.023 0	0.036 21	0.037 23	0.037 23	0.045 90
E31 保护资金筹集渠道	0.041 0	0.038 25	0.037 23	0.036 72	0.045 90
E32 区位特征	0.011 6	0.073 13	0.074 16	0.073 13	0.092 70
E33 交通可达性	0.020 4	0.092 80	0.091 64	0.089 32	0.104 40
E34 基础服务设施	0.022 2	0.088 81	0.080 25	0.081 32	0.096 30
E35 废水、气、物排放量控制	0.014 7	0.162 06	0.157 62	0.159 84	0.199 80
E36 旅游服务设施	0.008 6	0.035 52	0.034 56	0.035 04	0.043 20
E37 社会经济条件	0.021 6	0.040 32	0.038 64	0.039 76	0.050 40
E38 政策支持力度	0.022 4	0.017 02	0.016 56	0.016 79	0.020 70
E39 旅游服务管理水平	0.022 1	0.010 95	0.010 65	0.011 10	0.013 50
E40 未来政策支持力度	0.020 6	0.093 96	0.091 64	0.092 80	0.104 40
E41 未来资金支持力度	0.026 1	0.053 76	0.052 48	0.049 92	0.057 60
E42 客源市场潜力	0.027 7	0.031 50	0.028 70	0.028 00	0.024 50
合计	0.450 1	1.908 21	1.864 20	1.842 69	2.153 83

（2）评价分析

　　横向比较西山景区乡村景观保护与开发评价的结果可知，明月湾得分最高，东村次之，植里村再次之，而东西蔡村得分最低，这样的结果是符合现实状况的。具体分析如下：①明月湾目前有具体的运营公司和管理机制，同时在申报中国历史文化名村的过程中，整理出了详细的资料，并对文物古迹进行了数据统计和标识设置；同时明月湾古村也已经成为西山景区的品牌之一，其开发和保护情况处于较为稳定的阶段。东村古村虽然经旅游公司运营，但在调查中发现，其村委会对于东村的文物资源和旅游价值有较准确的定位，显然做了大量的准备工作。而其他两个村落基本处于自然发展的状态，因此得分较低。②从具体指标细节来看，明月湾在管理机制、服务设施及文物标识等方面评价较高，而东村在未来的资金和政策投入力度等方面具有较高得分，同时依靠丰富的文物资源，使得东村古村的开发潜力得分最高，间接影响了其评价得分。

7.4.3 综合评价

将上述三个项目的得分进行合并，得出四个古村落的景观综合评价总得分，结果显示明月湾的得分最高，而东西蔡村得分最低，总得分排序为明月湾＞东村＞植里＞东西蔡村。具体结果如表 7-36 所示。

表 7-36 西山景区乡村景观综合评价得分（加权后）

项目	因素	权重	东村	植里	东西蔡	明月湾
B1 景观质量评价	C1 聚落景观质量	0.205 8	2.246 0	1.846 0	1.782 0	2.045 0
	C2 自然景观质量	0.187 1	2.362 0	1.815 0	2.006 0	2.476 0
	C3 非物质文化资源质量	0.157 0	0.183 0	0.153 0	0.122 0	0.212 0
B2 保护与开发评价	C4 保护措施评价	0.232 1	1.208 0	1.187 0	1.165 0	1.346 0
	C5 开发条件评价	0.218 0	0.699 0	0.676 0	0.677 0	0.807 0
合计		1.000 0	6.698 0	5.677 0	5.752 0	6.886 0

7.5 评价结论

1）评价方法总结

（1）从评价方法来看，根据研究中定性和定量目标的不同，本书采用了以 GIS 技术平台为基础的多种评价方式，具体包括模糊评价法、专家打分法、调查问卷法等。数据获取和处理手段应用也较为多元，使用了包括文献整理、现场测量、手持 GPS 定位、走访调研及 GIS 计算等方法。

（2）定性研究须与定量研究相结合才能保证评价的准确性和全面性。定性研究需要量化来表现具体的变化幅度，而定量研究则需要定性来表述评价结果的趋势。本书综合评价的方法实现了定性与定量研究的结合。研究中，景观质量评价以定量研究为主，通过 GIS 技术平台，将相关指标的信息进行分层计算后再叠加，可以得到直观的分类图；GIS 平台的定量研究为总体评价提供了最可靠的指标数据，确保了评价的客观性和准确性。对于在调研中可以直接获取数据的指标，研究采用列出数据，请专家打分的方法，也尽量保证了数据的客观性；而对于无法获得直观数据的指标，则采用专家根据描述打分及现场调查问卷法。

（3）综合看待各种评价方法和数据分析方法，以 GIS 技术平台为代表的定量方法，需要有较为全面的基础资料，得出的结果直观而准确；以模糊评价法为代表的定性研究法，适用于无法用数据描述的指标，将难以定量的指标以量化方式描述。

2）评价模型总结

（1）本书将西山景区乡村景观综合评价定为研究目标，选取景观质量评价、开发与保护评价 2 个方面作为项目层，选取聚落景观质量、自然景观质量等5个因素作为因素层，选取地形契合度、聚落典型性等12个指标构成指标层，选取高程、坡向等42个子指标作为子指标层。其中又可以划分为16个定量指标和26个定性指标。

（2）评价标准根据具体指标的特性设定，对于能够获得数值的指标，将数值分段赋分。对于以差异性描述的指标，将差异性分级赋分。对于以属性描述的指标，将属性分级赋分；每项指标的满分为10分，分级数为3—5级不等。对于能直接赋分的指标，赋分后按照权重进行计算。对于定性研究的指标，请专家根据评分标准打分后加权计算。

（3）多层级、多指标、多分段的评价体系，可以有效降低打分者主观性的影响，减少极端分值出现的几率；能够体现具体指标的得分情况，提供细节比对，为进一步研究提供基础；同时利用对权重的控制，能够突出重要指标和因素的重要性，保证研究的客观性和准确性。

3）评价结果总结

（1）从综合评价结果来看，明月湾的综合评价得分最高，东村略低，植里和东西蔡村次之。景观质量是景观要素优劣属性的描述，景观价值是对景观要素稀缺性的描述，保护与开发是目前对景观质量和景观价值影响最直接的因素，因此评价得分反映的是四个村落在景观质量、景观价值及保护与开发评价的综合得分。明月湾得分最高的原因一方面来自于其聚落风貌的完整性，另一方面得益于较早开展的保护与开发活动，同时该村独特的地理条件和人文背景使其成为西山岛的代表符号。东村与明月湾得分差距不大，但东村的旅游开发要弱于明月湾，说明东村具有良好的旅游开发潜力；植里村落规模较小，传统聚落风貌整体不高，核心区传统建筑连续性差；相比植里，东西蔡村无论在村落规模还是传统建筑面积都占优势，得分相对低的原因主要在于传统聚落保护状况较差，影响了具体打分。

（2）从具体评价因素来看，其评价结果的差异性更为复杂。这种差异性为我们研究西山景区乡村景观特征提供了基础，同时也使得动态研究成为可能。例如研究将布局适宜性评价因素中的适宜性范围进一步分析，可以得到西山景区各类适宜性分区的景观指数，用于研究适宜性的分布规律。从景观格局角度来看，面积加权的平均形状指数、斑块平均大小、斑块面积方差三个指标，在最适宜区域得分值都是最小，表明该区域斑块形状简单并且分布零散；最不适宜区域在以上三个指标得分都是最大，表明其斑块形状相对复杂，并且面积大小上两极化严重。研究针对392个现状聚落斑块进行分析，结果表明多数斑块适宜保留，少数聚落斑块建议搬迁，另外有约100 hm^{2}的斑块宜控制发展。

第7章参考文献

［1］ 王云才.论中国乡村景观评价的理论基础与评价体系[J].华中师范大学学报（自

然科学版),2002,36(3):389-393.

[2] 朱琳琳.苏州西山东村古村落空间意象分析[J].艺术科技,2014(10):137.

[3] 李胜坤,张毅,闫欣,等.基于GIS的秦巴山区乡村聚落空间格局研究——以湖北省竹溪县为例[J].农业现代化研究,2014,35(6):780-785.

[4] 徐成华.苏州古村落保护与开发的实践与思考[J].小城镇建设,2009(7):61-65.

[5] 李青,姜涌.乡镇道路交通特征与安全对策分析[J].中国科技信息,2012(4):92.

[6] 孔凡亭,郗敏,李悦,等.基于RS和GIS技术的湿地景观格局变化研究进展[J].应用生态学报,2013,24(4):941-946.

[7] 丁国民,张天斌.甘肃祁连山保护区哈溪林区森林景观空间格局分析[J].甘肃科技,2014,30(1):139-143.

[8] 许冲,戴福初,姚鑫,等.基于GIS与确定性系数分析方法的汶川地震滑坡易发性评价[J].工程地质学报,2010(1):15-26.

8 总结

8.1 江南地区乡村景观变迁规律与评价总结

1）江南地区乡村景观变迁规律

2000—2014 年，江南地区乡村景观经历了几次重大变迁，虽然历时仅有十几年，但这些变迁对江南地区景观面貌造成了巨大影响。以吴中区为例，景观格局指数能较为直观地反映出在此期间江南乡村的变迁规律：

（1）斑块优势度和多样性指数在 2000—2005 年呈现下降趋势，在 2005—2010 年呈上升趋势，但在 2010—2014 年又呈下降趋势。均匀度指数则呈现完全相反的变化趋势。表明在此期间，研究区域内主要景观类型斑块的破碎程度发生了剧烈变化，斑块优势度、多样性下降，景观斑块破碎程度加剧，反之的情况则表示减弱。以变化最明显的耕地和建设用地为例，2000—2005 年，耕地面积减少幅度较大，斑块细碎化程度增加，且形状趋于规则；而建设用地则急剧增加，且斑块优势度呈增加趋势。

（2）景观分离度和分维指数是反映斑块聚集程度和规则程度的重要指标。吴中区景观格局变化的突出规律是，耕地斑块分离度在 2000—2005 年呈现快速下降趋势，说明在此期间耕地聚集程度加剧；而在 2005—2010 年，耕地分离度呈现小幅上升，说明有分散分布的趋势，但在 2010—2014 年又呈现集中的趋势。从分维指数来看，耕地以 2010 年为界，之前呈现持续上升趋势，说明斑块形状持续趋于复杂，在 2010 年之后逐步向规则的形状变化。建设用地则基本相反，斑块分散程度逐步加深且形状规则，说明建设用地在此期间呈持续扩张的趋势。

2）基于 3S 技术的江南乡村景观综合评价。

（1）研究中应用了多种评价方法和数据处理手段。评价方法包括 GIS 信息叠加、专家打分法、模糊评价法及问卷调查法；数据获取及处理手段包括现场测量、GIS 计算、专家评分等。在研究中，这些方法可分为定性和定量研究手段，定性研究和定量研究是相互补充的研究方法，定性研究为定量研究划分变化等级，定量研究为定性研究提供变化幅度。

（2）研究建立了以西山景区为例的江南乡村景观综合评价模型。模型共分为五级，即目标—项目—因素—指标—子指标，其中项目层有 2 个，因素层有 5 个，指标层有 12 个，子指标层有 42 个。根据矩阵比较的方法取得各指标的权重，并制定出各指标的评价标准。对西山景区的四个古村落进行综合评价，最终结果为明月湾村 > 东村 > 植里村 > 东西蔡村。

（3）综合评价体系中的景观质量、景观价值及保护与开发评价是密切联系的整体。通过分析评价结果可知，明月湾村评分最高的原因是聚落景观整体风貌保护程度较高，形成了良好的开发和保护机制；东村传统聚落保存较完整，各项指标得分较均衡，是未来可以重点开发利用的古村落；植里古村聚落规模相对较小，传统建筑连续性不够，影响到了整体得分；而东西蔡村得分较低的原因是聚落内传统建筑出现大量荒废、坍塌的情况，聚落风貌较差。

8.2 本书的创新点

（1）丰富和完善了乡村景观评价的理论与方法体系。随着 3S 技术的发展，3S 技术在乡村景观保护、规划与建设领域的应用研究越来越多，但是大多研究还只是停留在 3S 技术在乡村景观某一内容或问题上的探讨，没有形成完整的研究体系。本书以 3S 技术为支撑平台，针对乡村景观资源调查、乡村景观变迁及评价展开综合研究。同时，在研究过程中，对 3S 技术在微观领域的应用也有所设计，这是对 3S 技术的深化应用。

（2）研究对于传统村落属性的认知和价值评估具有创新性。本书以 GIS 为技术平台，对江南地区乡村景观尤其是传统村落进行了全面分析，并将其放到一个动态的、变化的范畴加以理解。选取太湖西山景区作为研究区域，首先对该选点区域进行属性分析，风景名胜区和传统村落的叠加成为本书的问题切入点，进而展开讨论风景名胜区和具有一定历史背景的传统村落的特殊性，将二者对等看待，并放到当前旅游开发过度发展的时代背景下，突破了传统的视角，得出"传统村落景观特色不应在风景区的开发过程中逐渐消失，而是应该可持续的存在和发展"的结论。同时，本书试图全面剖析传统村落的价值属性，从物质、非物质两个方向阐述，并在 GIS 工具的支持下，突破风景园林学传统乡村研究偏重于聚落的视角，将选点村落具有典型意义的用地类型进行斑块指数化计算，并最终将自然因素、聚落因素及非物质文化因素一起考虑在内，构建评价体系的同时，对风景名胜区中传统村落的价值进行重新定位。

（3）本书探索性地构建了西山景区乡村聚落综合评价的指标体系。共分 5 级，项目层 2 个，即景观质量、保护与开发评价；因素层 5 个，指标层 12 个，子指标层 42 个；涵盖了自然环境、景观功能、风景资源及乡村聚落相互能动的关系，充分反映了风景区内有价值的古村落的聚落分布状况，为江南水乡景观评价提供了一种新的途径。通过对研究区内村落的实证研究，结果合乎实际情况，说明这套评价指标体系较为适用。

8.3　本书展望

（1）由于本书进行景观分析采用的是 TM 影像，分辨率为 30 m×30 m，景观格局演变的一些细节变化可能会被掩盖，对研究精度具有一定的限制，也给景观格局变化的进一步研究带来了难度。今后研究尽可能采用多时相、高分辨率的 SPOT 卫片影像图，从不同尺度和多时段方面进行分析，形成更为丰富和精确的成果。

（2）由于缺乏翔实的经济数据支持，尤其是近 20 年研究区域内村镇级别的经济数据，无法量化研究景观格局变迁的动力机制，以及具体用地类型的变迁状况。再加之时间和经费限制，对选点区域村落景观的调研存在一定的不足之处。今后应在研究区建立长期试验观察点或开展大量调查研究，进一步完善这些研究工作。

（3）本书关于西山景区乡村景观综合评价的指标体系还有待进一步完善和改进。目前的研究侧重于各指标体系的细化，希望选取更多的因子，以更直观地反映评价结果，这间接造成了研究结果数据过于庞大，掩盖了数量最多的子指标之间的相互联系，这是未来需要进一步研讨的内容。

主要参考文献

·中文文献·

[美]罗伯特·路威.文明与野蛮[M].吕叔湘,译.上海:生活·读书·新知三联书店,2013.

[美]摩尔根.古代社会[M].杨东莼,等译.北京:商务印书馆,1977.

[美]约翰·莫里斯·迪克逊.城市空间与景观设计[M].王松涛,蒋家龙,译.北京:中国建筑工业出版社,2001.

[美]约翰斯顿.人文地理学词典[M].柴彦威,等译.北京:商务印书馆,2004:622.

[日]藤井明.聚落探访[M].宁晶,译.北京:中国建筑工业出版社,2003:23.

白振平,刘洪利.雾灵山植被变化遥感监测[J].首都师范大学学报(自然科学版),2003,24(4):59-62.

鲍莉.适应气候的江南传统建筑营造策略初探——以苏州同里古镇为例[J].建筑师,2008(2):5-12.

毕明岩.乡村文化基因传承路径研究——以江南地区村庄为例[D]:[硕士学位论文].苏州:苏州科技学院,2011:30-31.

卜心国,王仰麟,吴健生.深圳快速城市化中地形对景观垂直格局的影响[J].地理学报,2008,63(1):75-82.

曹恒德,王勇,李广斌.苏南地区农村居住发展及其模式探讨[J].规划师,2007,23(2):18-21.

曹宁,欧阳华,肖笃宁,等.额济纳天然绿洲景观变化及其生态环境效应[J].地理研究,2005,24(1):130-139.

车生泉,杨知洁,倪静雪.上海乡村景观模式调查和景观元素设计模式研究[J].中国园林,2008(8):21-27.

陈翀,阳建强.古代江南城镇人居营造的意与匠[J].城市规划,2003,27(10):53-57.

陈涵子,严志刚.城市化进程中江南乡村水体景观生态安全格局的思考[J].安徽农学通报,2010,16(17):146-149.

陈利顶,傅伯杰.黄河三角洲地区人类活动对景观结构的影响分析——以山东省东营市为例[J].生态学报,1996,16(4):337-344.

陈威.景观新农村风水:乡村景观规划理论与方法[M].北京:中国电力出版社,2007:68.

陈勇,陈国阶.对乡村聚落生态研究中若干基本概念的认识[J].农村生态环境,2002,18(1):54-57.

陈志文,李惠娟.中国江南农村居住空间结构模式分析[J].农业现代化研究,2007,28(1):15-19.

崔荣荣,张竞琼.江南水乡民间女服色彩解析[J].东华大学学报(社会科学版),2005,15(1):63-65.

邓广铭,漆侠.两宋政治经济问题[M].上海:知识出版社,1988:37.

丁国民,张天斌.甘肃祁连山保护区哈溪林区森林景观空间格局分析[J].甘肃科技,2014,30(1):139-143.

丁金华.城乡一体化进程中的江南乡村水网生态格局优化初探[J].生态经济,2011(9):181-184.

丁金华.江南乡村景观环境更新的生态化策略[J].江苏农业科学,2012,40(3):335-337.

丁俊清.江南民居[M].上海:上海交通大学出版社,2008.

丁维,李正方,王长永,等.江苏省海门县农村生态环境评价方法[J].农村生态环境,1994,10(2):38-40.

段进,季松,王海宁.城镇空间解析:太湖流域古镇空间结构与形态[M].北京:中国建筑工业出版社,2002.

段进.城市空间发展论[M].南京:江苏科学技术出版社,1999.

范金民,夏维中.苏州地区社会经济史(明清卷)[M].南京:南京大学出版社,1993:69.

丰凤,廖小东.农村集体经济的功能研究[J].求索,2010(3):46-47.

冯敏敏.基于AHP—模糊综合评价模型的园林植物景观美感评价[J].杭州师范大学学报(自然科学版),2007,6(5):373-378.

冯贤亮.史料与史学:明清江南研究的几个面向[J].学术月刊,2008(1):134-143.

傅伯杰,陈利顶,马克明,等.景观生态学原理及应用[M].北京:科学出版社,2001:351.

高玉达,吴馨萍.浅析传统民居的卫生习俗——以苏州市吴中区西山镇为例[J].东南文化,2003(11):80-84.

葛丹东,华晨.城乡统筹发展中的乡村规划新方向[J].浙江大学学报(人文社会科学版),2010,40(3):148-155.

龚健雅.当代地理信息系统进展综述[J].测绘与空间地理信息,2004,27(1):5-11.

龚杰.上海乡村景观使用后评价(POE)及其营建对策研究[D]:[硕士学位论文].上海:上海交通大学,2011.

顾金林.江南水乡古镇文化旅游资源开发分析[J].北方经济,2009(7):83-85.

官士刚.秦汉六朝江南经济略论[J].聊城大学学报(哲学社会科学版),2005(4):51-55.

郭大力.快速城市化地区农民的居住与生活——对苏南农民居住生活变迁的调查[J].北京建筑工程学院学报,2006,22(1):48-51.

国家统计局.2015年国民经济和社会发展统计公报[EB/OL].(2016-02-09).http://www.stats.gov.cn.

国家文物局文保司,无锡市文化遗产局.中国文化遗产保护无锡论坛:乡土建筑保护论坛文集[M].南京:凤凰出版社,2008.

国务院法制办农业资源环保法制司,住房与城乡建设部法规司,城乡规划司,历史文化名城名镇名村保护条例释义[M].北京:知识产权出版社,2009.

何仁伟,陈国阶,刘邵权,等.中国乡村聚落地理研究进展及趋向[J].地理科学进展,2012,31(8):1055-1062.

何芸,吴长年,黄戟,等.SWOT量化分析古村落旅游可持续发展战略[J].四川环境,2009,28(6):127-131.

贺宏岐.释《史记·货殖列传》中所谓的"江南"[J].中国历史地理论丛,1997(4):172.

贺志勇,张肖宁,史文中.3S技术在公路景观环境评价中的应用初探[J].测绘通报,2004,46(9):26-28,46.

洪焕椿,罗仑.长江三角洲地区社会经济史研究[M].南京:南京大学出版社,1989:366.

黄爱梅,于凯.先秦秦汉时期"江南"概念的考察[J].史林,2013(2):27-36.

黄蓓,阮仪三.周庄市河街区保护规划[J].城市规划,1987(4):33-34.

黄斌.闽南乡村景观规划研究——以漳州乡村为例[D]:[博士学位论文].福州:福建农林大学,2012.

黄今言.秦汉江南经济述略[M].南昌:江西人民出版社,1999:2-3.

黄山学院编辑部.徽州祠堂的规制[J].黄山学院学报,2007(6):122.

黄杉,武前波,潘聪林.国外乡村发展经验与浙江省"美丽乡村"建设探析[J].华中建筑,2013(5):144-149.

黄耀志,李清宇.江南水网小城镇空间格局的生态化发展研究[J].规划师,2011,27(11):112-116.

黄云峰.中国古代都城选址与布局中的传统建筑文化[J].山西建筑,2008,34(4):55-56.

季松,段进.空间的消费——消费文化视野下城市发展新图景[M].南京:东南大学出版社,2012:29.

季松.江南古镇的街坊空间结构解析[J].规划师,2008,24(4):75-78.

江俊美,丁少平,李小敏,等.解读江南古村落符号景观元素的设计[J].生态经济,2009(7):194-197.

姜爱萍.苏南乡村社会生活空间特点及机制分析[J].人文地理,2003,18(6):11-15.

蒋波,邹松梅.苏州太湖西山国家地质公园规划修编若干问题的探讨[J].地质学刊,2010,34(4):430-435.

蒋春泉.江南水乡古镇空间结构重构研究初探——从水街路街并行模式到立体分形模式的转变[D]:[硕士学位论文].大连:大连理工大学,2004:29-30.

蒋志杰,吴国清,白光润.城市意象空间分析在旅游地研究中的应用——以江南水乡古镇为例[J].中山大学学报(自然科学版),2003,42(S2):248-253.

金友理.太湖备考[M].薛正兴,校点.南京:江苏古籍出版社,1998:33.

金其铭,董昕,张小林.乡村地理学[M].南京:江苏教育出版社,1990:247-283.

金其铭.太湖东西山聚落类型及其发展演化[J].经济地理,1984(3):215-220.

金其铭.我国农村聚落地理研究历史及近今趋向[J].地理学报,1988,43(4):

311-317.

《京杭运河史料选编》编纂委员会.京杭大运河(江苏)史料选编[M].北京:人民
　　交通出版社,1997:96.

景遐东.江南文化传统的形成及其主要特征[J].浙江师范大学学报(社会科学
　　版),2006,31(4):13-19.

景遐东.江南文化与唐代文学研究[D]:[博士学位论文].上海:复旦大学,
　　2003:13-15.

孔凡亭,郗敏,李悦,等.基于RS和GIS技术的湿地景观格局变化研究进展[J].
　　应用生态学报,2013,24(4):941-946.

赖凌瑶,阳建强.江南古村落居民生活与水体变迁的思考——以常熟古里李市
　　历史文化街区为例[J].小城镇建设,2007(1):38-42.

李伯重.简论"江南地区"的界定[J].中国社会经济史研究,1991(1):100-105,107.

李昉.乡土化景观研究——以江南地区为例[D]:[硕士学位论文].南京:南京
　　林业大学,2007:37-38.

李秋香,罗德胤,陈志华,等.浙江民居[M].北京:清华大学出版社,2010.

李红波,张小林.国外乡村聚落地理研究进展及近今趋势[J].人文地理,2012
　　(4):103-108.

李立.乡村聚落:形态、类型与演变——以江南地区为例[M].南京:东南大学出
　　版社,2007.

李明阳,菅利荣.风景林调查规划与合理经营的理论与实践[M].北京:中国林
　　业出版社,2008.

李明阳,熊显权,杨劲松,等.紫金山风景林景观格局变化的研究[J].中国林业
　　调查规划,2005,24(4):23-26.

李明阳.浙江临安市森林景观生态环境评价研究[D]:[博士学位论文].南京:
　　南京林业大学,2000.

李青,姜涌.乡镇道路交通特征与安全对策分析[J].中国科技信息,2012(4):
　　92.

李清.习近平在中央城镇化工作会议上发表重要讲话[EB/OL].(2013-12-14)
　　[2018-11-22].http://www.xinhuanet.com.

李胜坤,张毅,闫欣,等.基于GIS的秦巴山区乡村聚落空间格局研究——以湖
　　北省竹溪县为例[J].农业现代化研究,2014,35(6):780-785.

李苏宁.江南古镇保护与开发的博弈思考[J].小城镇建设,2007(3):73-76.

李向婷,龙岳林,宋建军.乡村景观评价研究进展[J].湖南林业科技,2008,35(1):
　　64-67.

李昕.转型期江南古镇保护制度变迁研究[D]:[博士学位论文].上海:同济大
　　学,2006.

李学勤,徐吉军.长江文化史(上)[M].南昌:江西教育出版社,1995:364.

李浈,雷冬霞,瞿洁莹.历史情境的传承与再现——朱家角古镇保护探讨[J].规
　　划师,2007,23(3):54-58.

连蓓.江南乡土建筑组群与外部空间[D]:[硕士学位论文].合肥:合肥工业大

学,2002:10-12.

林涛.浙北乡村集聚化及其聚落空间演进模式研究[D]:[博士学位论文].杭州:浙江大学,2012.

林志方.江南地区夏商文化断层及其原因考[J].东南文化,2003(9):29-34.

刘滨谊,陈威.关于中国目前乡村景观规划与建设的思考[J].城镇风貌与建筑设计,2005(9):45-47.

刘滨谊,汪洁琼.基于生态分析的区域景观规划——主导生态因子修正分析法的研究与应用[J].风景园林,2007(1):82-87.

刘滨谊,王云才.论中国乡村景观评价的理论基础与指标体系[J].中国园林,2002(5):76-79.

刘滨谊.风景景观工程体系化[M].北京:中国建筑工业出版社,1990:123.

刘滨谊.人类聚居环境学引论[J].城市规划汇刊,1996(4):5-11.

刘黎明,李振鹏,张虹波.试论中国乡村景观的特点及乡村景观规划的目标和内容[J].生态环境,2004,13(3):445-448.

刘黎明.乡村景观规划[M].北京:中国农业大学出版社,2003:39.

刘沛林,刘春腊,邓运员,等.基于景观基因完整性理念的传统聚落保护与开发[J].经济地理,2009,29(10):1731-1736.

刘沛林.风水·中国人的环境观[M].上海:上海三联书店,1995:178.

刘沛林.古村落:和谐的人聚空间[M].上海:上海三联书店,1998.

刘沛林.古村落文化景观的基因表达与景观识别[J].衡阳师范学院学报,2003(4):1-8.

刘石吉.明清时代江南市镇研究[M].北京:中国社会科学出版社,1987:1.

刘士林.江南文化与江南生活方式[J].绍兴文理学院学报(哲学社会科学),2008(2):25-33.

刘士林.江南与江南文化的界定及当代形态[J].江苏社会科学,2009(5):228-233.

刘晓星.中国传统聚落形态的有机演进途径及其启示[J].城市规划学刊,2007(3):55-60.

刘亚荷.中国古代经济重心南移的完成[J].广西民族大学学报(哲学社会科学版),2007,29(S1):122-123.

刘之浩,金其铭.试论乡村文化景观的类型及其演化[J].南京师范大学学报(自然科学版),1999,22(4):120-123.

刘致平.中国居住建筑简史[M].王其明,增补.北京:中国建筑工业出版社,1990.

陆鼎言,王旭强.湖州入湖溇港和塘浦(溇港)圩田系统的研究[G]//湖州市水利学会.湖州入湖溇港和塘浦(溇港)圩田系统的研究研究成果资料汇编.2005:40.

陆元鼎.中国民居研究五十年[J].建筑学报,2007(11):66-69.

陆兆苏,赵德海,李明阳,等.按照风景林的特点建立森林公园[J].华东森林经理,1994,8(2):12-17.

路季梅,刘洪顺.江南红壤丘陵区农业气候特点与作物生产的气候相宜性[J].南京农业大学学报,1999,22(2):15-20.

罗凯.唐十道演化新论[J].中国历史地理论丛,2012,27(1):98-109.

罗时进.太湖环境对江南文学家族演变及其创作的影响[J].社会科学,2011(5):176-182.

吕东军.天人合一话江南[J].国土资源,2006(6):46-49.

马峰燕.江南传统建筑技术的理论化(1520—1920)[D]:[硕士学位论文].苏州:苏州大学,2007.

马全宝.江南木构架营造技艺比较研究[D]:[博士学位论文].北京:中国艺术研究院,2013.

马晓冬,李全林,沈一.江苏省乡村聚落的形态分异及地域类型[J].地理学报,2012,67(4):516-525.

倪剑.江南水空间的形态与类型分析[J].浙江建筑,2003(2):1-3.

牛少凤,韩刚,李爱贞.简述3S技术及其在景观生态学中的应用[J].山东师范大学学报(自然科学版),2002,17(1):65-67.

潘恂.武进县志[M].海口:海南出版社,2001:3.

彭一刚.传统村镇聚落景观分析[M].北京:中国建筑工业出版社,1992.

浦欣成,王竹,高林,等.乡村聚落平面形态的方向性序量研究[J].建筑学报,2004(12):111-115.

浦欣成,王竹,黄倩.乡村聚落的边界形态探析[J].建筑与文化,2013(8):48-49.

钱雅妮.浅析传统建筑的伦理功能——从同里古镇看起[J].华中建筑,2005,23(4):156-159.

秦伯强,罗潋葱.太湖生态环境演化及其原因分析[J].第四纪研究,2004,24(5):561-568.

秦杰.新型城镇化背景下传统村落保护研究——以龙游县部分传统村落为例[D]:[硕士学位论文].金华:浙江师范大学,2014.

秦卫永.水乡城镇景观结构机理分析和空间设计研究[D]:[硕士学位论文].杭州:浙江大学,2004.

茹黎明.江南民居快速生成方法的研究[D]:[硕士学位论文].杭州:浙江大学,2003.

阮仪三,李浈,林林.江南古镇历史建筑与历史环境的保护[M].上海:上海人民美术出版社,2010.

阮仪三,邵甬.江南水乡古镇的特色与保护[J].同济大学学报(社会科学版),1996(1):21-28.

阮仪三,袁菲.江南水乡古镇的保护与合理发展[J].城市规划学刊,2008(5):52-59.

阮仪三,袁菲.再论江南水乡古镇的保护与合理发展[J].城市规划学刊,2011(5):95-101.

阮仪三.江南古镇[M].上海:上海画报出版社,1998:27.

单勇兵,马晓冬,仇方道.苏中地区乡村聚落的格局特征及类型划分[J].地理科学,2012,32(11):1341-1347.

单之蔷.地理的乐趣:构建"区域"[J].中国国家地理,2016(3):10-15.

绍华.大运河的变迁[M].南京:江苏人民出版社,1961:131.

史念海.中国的运河[M].西安:陕西人民出版社,1988:45.

史争光.江南传统民居生态技术初探[D]:[硕士学位论文].无锡:江南大学,
　　2004.

斯陶.风水术与环境选择[M].济南:济南出版社,1998:6.

宋家泰,庄林德.江南地区小城镇形成发展的历史地理基础[J].南京大学学报
　　(哲学·人文·社会科学),1990(4):104-111.

宋立,王宏,余焕.GIS在国外环境及景观规划中的应用[J].中国园林,2002,18
　　(6):56-59.

苏州市统计局.2014年苏州市国民经济和社会发展统计公报[EB/OL].(2017-
　　08-03)[2018-11-22].http://www.suzhou.gov.cn.

苏州市统计局.2015年苏州市国民经济和社会发展概况[EB/OL].(2018-07-
　　18)[2018-11-22].http://www.suzhou.gov.cn.

孙顺才,伍贻范.太湖形成演变与现代沉积作用[J].中国科学,1987,17(12):
　　1329-1339.

谈汗人,无锡县志编纂委员会.无锡县志[M].上海:上海社会科学院出版社,
　　1994:56.

田密蜜,陈炜,沈丹.新农村建设中古村落景观的保护与发展——以浙江地区
　　古村落为例[J].浙江工业大学学报,2010,38(4):463-467.

王赓唐,冯炬.无锡史话[M].南京:江苏古籍出版社,1988:6.

王建,汪永进,刘金陵,等.太湖16 000年来沉积环境的演变[J].古生物学报,
　　1996,35(2):213-223.

王建国,顾小平,龚恺,等.江苏建筑文化特质及其提升策略[J].建筑学报,2012
　　(1):103-106.

王建华.基于气候条件的江南传统民居应变研究[D]:[博士学位论文].杭州:
　　浙江大学,2008.

王莉,陆林,童世荣.江南水乡古镇旅游开发战略初探——浙江乌镇实证分析
　　[J].长江流域资源与环境,2003,12(6):529-534.

王灵芝.江南地区传统村落居住环境中诗性化景观营造研究[D]:[硕士学位论
　　文].杭州:浙江大学,2006:35.

王留青.苏州传统村落分类保护研究[D]:[硕士学位论文].苏州:苏州科技学
　　院,2014.

王鲁民,韦峰.从中国的聚落形态演进看里坊的产生[J].城市规划汇刊,2002
　　(2):51-54.

王书敏.史前太湖流域的原始宗教[J].中原文物,2006(3):44-51.

王澍,陆文宇.循环建造的诗意:建造一个与自然相似的世界[J].时代建筑,
　　2012(2):66-69.

王澍.我们需要一种重新进入自然的哲学[J].世界建筑,2012(5):20-21.

王澍.自然形态的叙事与几何:宁波博物馆创作笔记[J].时代建筑,2009(3):
　　66-78.

王宪礼,胡远满,布仁仓.辽河三角洲湿地的景观变化分析[J].地理科学,1996,
　　16(3):260-265.

王祥.宋代江南路文学研究[D]:[博士学位论文].上海:复旦大学,2004:13-15.

王绚.传统堡寨聚落研究——兼以秦晋地区为例[D]:[博士学位论文].天津:
　　天津大学,2004.

王炎松,吕晓航.基于GIS的传统山地村落选址与布局的生态适宜性分析研究
　　[J].华中建筑,2011,29(10):125-127.

王仰麟.景观生态分类的理论与方法[J].应用生态学报,1996(7):121-126.

王仰麟,赵一斌,韩荡.景观生态系统的空间结构:概念、指标与案例[J].地球科
　　学进展,1999,14(3):235-241.

王一丁,吴晓红.古村落的生长与其传统形态和历史文化的延续——以太湖
　　西山明湾、东村的保护规划为例[J].南京工业大学学报(社会科学版),
　　2005,4(3):76-78,96.

王茵茵,车震宇.阿尔多·罗西类型学视野下对古村落形态研究的思考[J].华中
　　建筑,2010,28(5):131-133.

王颖.传统水乡城镇结构形态特征及原型要素的回归——以上海市郊区小城
　　镇的建设为例[J].城市规划学刊,2000(1):52-57.

王勇,李广斌.苏南乡村聚落功能三次转型及其空间形态重构——以苏州为例
　　[J].城市规划,2011,35(7):54-60.

王媛.江南禅寺[M].上海:上海交通大学出版社,2009:9-10.

王云才.江南六镇旅游发展模式的比较及持续利用对策[J].华中师范大学学报
　　(自然科学版),2006,40(1):104-109.

王云才,陈田,郭焕成.江南水乡区域景观体系特征与整体保护机制[J].长江流
　　域资源与环境,2006,15(6):708-712.

王云才,韩丽莹,王春平.群落生态设计[M].北京:中国建筑工业出版社,2009:
　　99-100.

王云才.论中国乡村景观评价的理论基础与评价体系[J].华中师范大学学报
　　(自然科学版),2002,36(3):389-393.

王云才.现代乡村景观旅游规划设计[M].青岛:青岛出版社,2003:36-37.

王云霞.小城镇形象设计研究——以江南水乡古镇为例[D]:[硕士学位论文].
　　苏州:苏州科技学院,2008:35-37.

魏伟,石培基,冯海春,等.干旱内陆河流域人居环境适宜性评价——以石羊河
　　流域为例[J].自然资源学报,2012(11):491-498.

乌再荣.基于"文化基因"视角的苏州古代城市空间研究[D]:[博士学位论文].
　　南京:南京大学,2009:9-10.

邬建国.景观生态学——格局、过程、尺度与等级[M].北京:高等教育出版社,
　　2000:106-124,190-199,201-205.

吴江国,张小林,冀亚哲.苏南和皖北平原地区乡村聚落分形特征对比分析——
　　以镇江丹阳市和宿州埇桥区为例[J].长江流域资源与环境,2014,23(2):
　　161-169.

吴晶晶.融合与超越——江南水乡古镇景观空间建设初探[D]:[硕士学位论文].无锡:江南大学,2004:15.

吴威,尚晓倩.GIS在不同尺度景观规划中的应用[J].中国农学通报,2012,28(22):312-316.

吴巍,王红英.论新农村建设中的乡村景观规划[J].湖北农业科学,2011,50(14):2847-2850.

吴晓华,王水浪.江南古村落的景观价值及保护利用探讨[J].山西建筑,2008,34(2):28-29.

肖笃宁,李秀珍.当代景观生态学的进展与展望[J].地理科学,1997,17(4):356-364.

肖国增,周艳丽,安运华,等.乡村景观功能评价综述[J].南方农业学报,2012,43(11):1741-1744.

谢花林,刘黎明,龚丹.乡村景观美感效果评价指标体系及其模糊综合评判——以北京市海淀区温泉镇白家疃村为例[J].中国园林,2003,19(1):59-61.

谢花林,刘黎明,李蕾.乡村景观规划设计的相关问题探讨[J].中国园林,2003,19(3):39-41.

谢花林,刘黎明,徐为.乡村景观美感评价研究[J].经济地理,2003,23(3):423-426.

谢花林,刘黎明.乡村景观评价研究进展及其指标体系初探[J].生态学杂志,2003,22(6):97-101.

谢花林.乡村景观功能评价[J].生态学报,2004,24(9):1988-1993.

谢志晶,卞新民.基于AVC理论的乡村景观综合评价[J].江苏农业科学,2011,39(2):266-269.

辛琨,赵广孺.3S技术在现代景观生态规划中的应用[J].海南师范大学学报(自然科学版),2002,15(3/4):73-75.

新华社.江南古镇联合申遗[EB/OL].(2015-03-30)[2018-11-22].http://zjrb.zjol.com.cn.

新华网.新华时评:一城之伤 流域之痛[EB/OL].(2007-06-03)[2018-11-22].http://news.sohu.com.

熊侠仙,张松,周俭.江南古镇旅游开发的问题与对策——对周庄、同里、用直旅游状况的调查分析[J].城市规划汇刊,2002(6):61-63.

胥彦玲.基于景观生态学的生态系统服务功能评价——以甘肃省为例[D]:[硕士学位论文].西安:西北大学,2003.

徐成华.苏州古村落保护与开发的实践与思考[J].小城镇建设,2009(7):61-65.

徐龙国.中国古代城市与文明起源[J].管子学刊,2003(2):83-88.

徐茂明.东晋南朝江南士族之心态嬗变及其文化意义[J].学术月刊,1999(12):62-68.

徐茂明.江南的历史内涵与区域变迁[J].史林,2002(3):52-56.

徐茂明.江南士绅与江南社会(1368—1911年)[M].北京:商务印书馆,2004:

12-13.

徐民苏,詹永伟,梁支厦,等.苏州民居[M].北京:中国建筑工业出版社,1991.

徐敏,姜卫兵.江南水乡古镇水域空间的景观生态研究——以江南六大古镇为例[J].山东林业科技,2010(1):51-53.

许冲,戴福初,姚鑫,等.基于GIS与确定性系数分析方法的汶川地震滑坡易发性评价[J].工程地质学报,2010(1):15-26.

许慧,王家骥.景观生态学的理论与应用[M].北京:中国环境科学出版社,1993.

薛力,吴明伟.江苏省乡村人聚环境建设的空间分异及其对策探讨[J].城市规划汇刊,2001(1):41-45.

严耀中.江南佛教史[M].上海:上海人民出版社,2000:1-2.

杨循吉.吴邑志长洲县志[M].陈其弟,点校.扬州:广陵书社,2006:36.

杨知杰.上海乡村聚落景观的调查分析与评价研究[D]:[硕士学位论文].上海:上海交通大学,2009.

姚闻清,童凯.浅议吴文化发展的地理背景[J].无锡教育学院学报,1997(2):46-48,70.

姚允龙,吕宪国,佟守正.景观敏感度的理论及其应用意义[J].地理科学进展,2007,26(5):57-64.

姚志琳.村落透视——江南村落空间形态构成浅析[J].建筑师,2005(3):48-55.

雍振华.江苏民居[M].北京:中国建筑工业出版社,2009.

余英.中国东南系建筑区系类型研究[M].北京:中国建筑工业出版社,2001.

俞靖芝,张莹,吴立忠.苏南小城镇环境景观的再创造[J].城市研究,1999(2):17-21.

俞孔坚,李迪华,韩西丽,等.网络化和拼贴:拯救乡土村落生命之顺德马岗案例[J].景观设计研究,2007(1):26-33.

俞孔坚.景观敏感度与阀值评价研究[J].地理研究,1991,10(2):38-51.

俞孔坚.论风景美学质量评价的认知学派[J].中国园林,1988(1):16-19.

俞孔坚.中国自然风景资源管理系统初探[J].中国园林,1987(3):33-37.

俞孔坚.自然风景质量评价研究——BIB-LCJ审美评判测量法[J].北京林业大学学报,1988,10(2):1-11.

俞希鲁.至顺镇江志(上册)[M].南京:江苏古籍出版社,1999:55.

俞雪琴.基于景观格局和AHP的上海市区绿道规划[D]:[硕士学位论文].上海:华东师范大学,2009.

郁书君.自然风景环境评价方法——景观的认知、评判与审美[J].中国园林,1991(1):17-22,58.

喻建华,张露,高中贵,等.昆山市农业生态环境质量评价[J].中国人口资源与环境,2004,14(5):64-67.

岳国芳.中国大运河[M].济南:山东友谊书社,1989:121.

曾辉,江子瀛,喻红,等.深圳市龙华地区快速城市化过程中的景观结构研究——农业用地结构及异质性分析[J].北京大学学报(自然科学版),2000(2):221-230.

中国科学院生物多样性委员会.生物多样性研究的原理与方法[M].北京:中国科学技术出版社,1994:1-12.

张光明.乡村园林景观建设模式探讨——以溧阳市新农村建设中的村庄整治规划建设为例[D].[硕士学位论文].上海:上海交通大学,2008.

张海峰.模糊综合评价法在景观规划设计评标中的应用研究[D].[硕士学位论文].厦门:厦门大学,2009.

张金屯,邱扬,郑凤英.景观格局的数量研究方法[J].山地学报,2000,18(4):346-352.

张京祥,张小林,张伟.试论乡村聚落体系的规划组织[J].人文地理,2002,17(1):85-88,96.

张婧,马艳秋.江南古镇形象和环境的可持续发展研究[J].广西城镇建设,2009(7):99-102.

张明.榆林地区脆弱生态环境的景观格局与演变研究[J].地理研究,2000,19(1):30-36.

张楠.作为社会结构表征的中国传统聚落形态研究[D].[博士学位论文].天津:天津大学,2010.

张琴.江南水乡城镇保护实践的反思[J].城市规划学刊,2006(2):67-70.

张泉,王晖,陈浩东,等.城乡统筹下的乡村重构[M].北京:中国建筑工业出版社,2006.

张十庆.江南殿堂间架形制的地域特色[J].建筑史,2003(2):47-62.

张小林,盛明.中国乡村地理学研究的重新定向[J].人文地理,2002,17(1):81-84.

张小林.乡村概念辨析[J].地理学报,1998,53(4):365-371.

张小林.乡村空间系统及其演变研究(以苏南为例)[M].南京:南京师范大学出版社,1999.

张小庆,张金池.京杭大运河江南河段沿线城市的形成与变迁[J].南京林业大学学报(人文社会科学版),2010,10(2):50-56.

张晓林,白晋湘,刘少英,等.少数民族村落现代化中传统体育文化价值认同与需求的实证研究——来自湘西少数民族群众的声音与调查[J].天津体育学院学报,2008,23(2):98-103.

张修桂.太湖演变的历史过程[J].中国历史地理论丛,2009,24(1):5-12.

张亚楠,刘勤,胡安永,等.苏南农村廊道绿化景观研究[J].江苏农业科学,2013,41(4):183-185.

张燕飞.汉代江南农业的发展[J].中国农史,1994(4):8-14.

张扬汉,曹浩良,郑禄红.乡村景观设计方案评价与优化研究[J].沈阳农业大学学报(社会科学版),2012,14(3):360-364.

张玉芳,张俊牌,徐建民,等.黄河源区全新世以来的古气候演化[J].地球科学,1995(4):445-449.

张煜星,严恩萍,夏朝宗,等.基于多期遥感的三峡库区森林景观破碎化演变研究[J].中南林业科技大学学报,2013,33(7):1-7.

张宗豪.江南船拳文化研究[D]:[博士学位论文].苏州:苏州大学,2014:1.

章广明.苏南丘陵地区乡村景观特色与保护利用研究[J].安徽农业科学,2008,
36(8):3329-3330.

章轲.环保官员与太湖蓝藻的八年抗战:是天灾更是人祸[EB/OL].(2015-12-
30)[2018-11-22].http://www.yicai.com.

赵焕臣,许树柏,和金生.层次分析法[M].北京:科学出版社,1986.

赵琳.江南小殿构架地域特征初探[J].华中建筑,2002,20(4):86-88.

赵庆英,杨世伦,刘守祺.长江三角洲的形成和演变[J].上海地质,2002(4):
25-30.

郑文俊.基于旅游视角的乡村景观吸引力研究[D]:[博士学位论文].武汉:华
中农业大学,2009.

周华,王炳君.江苏省乡村性及乡村转型发展耦合关系研究[J].中国人口资源
与环境,2013(9):48-55.

周珈.秦汉时期江南陶瓷业的发展[J].南方文物,2002(3):56-60.

周心琴.城市化进程中乡村景观变迁研究[D]:[博士学位论文].南京:南京师
范大学,2006.

周永博,沙润,杨燕,等.旅游景观意象评价——周庄与乌镇的比较研究[J].地理
研究,2011,30(2):359-371.

周运中.苏皖历史文化地理研究[D]:[博士学位论文].上海:复旦大学,2010:
19.

周振鹤.释江南[M].上海:上海古籍出版社,1992:141.

朱琳琳.苏州西山东村古村落空间意象分析[J].艺术科技,2014(10):137.

朱松节."美丽中国"视角下的苏州古村落保护与开发的思考[J].安徽农业科
学,2014,42(34):12167-12168.

朱炜.基于地理学视角的浙北乡村聚落空间研究[D]:[博士学位论文].杭州:
浙江大学,2009:51.

朱晓明.试论古村落的评价标准[J].古建园林技术,2001(4):53-55,28.

朱逸宁.江南都市文化源流及先秦至六朝发展阶段研究[D]:[博士学位论文].
上海:上海师范大学,2009.

朱永春.徽州建筑[M].合肥:安徽人民出版社,2005.

庄华峰.古代江南地区圩田开发及其对生态环境的影响[J].中国历史地理论
丛,2005,20(3):87-94.

邹松梅,聂新坤.江苏太湖东山与西山旅游地学资源初步研究[J].江苏地质,
2002,26(1):26-31.

·外文文献·

Anon. Review of existing method of landscape assessment and evaluation [EB/
OL]. (2002-11-10)[2018-11-22].http://www.mluri.sari.ac.uk.

Arriaza M, Canas-Ortega J F, Canas-Madueno J A, et al. Assessing the visual
quality of rural landscape [J]. Landscape and Urban Planning, 2004,69(3):

115-125.

Besag J, Newell J. The detection of clusters in rare disease [J]. Journal of the Royal Statistical Society Series A, 1991(154):143-155.

Carl O S. The morphology of landscape [J]. University of California Publications in Geography, 1925(2):19-54.

Cosgrove D, Daniels S. The iconography of landscape [M]. Cambridge: Cambridge University Press, 1988.

Daniel T C, Vining J. Methodological issues in the assessment of landscape quality [J]. Human Behavior & Environment: Advances in Theory & Research, 1983 (6):39-84.

David E. Statistics in geography [M]. Oxford : Blackwell Ltd, 1985.

Douglas W B, David W I. Spatial pattern analysis of seed banks: An improved method and optimized sampling [J]. Ecology, 1988,69(2): 497-507.

Forman R T T, Godron M. Landscape ecology [M]. New York: John Wiley and Sons, 1986.

Forman R T T. Land mosaics: The ecology of landscapes and regions [M]. London: Cambridge University Press, 1995.

Gao F, Masek J, Wolfe R E. Automated registration and orthorectification package for landsat and landsat-like data processing [J]. Journal of Applied Remote Sensing, 2009,3(1): 33515-33535.

Gay M R. Conflict and change in the countryside [M]. London: Belhavan Press, 1990.

Gulinck H, Múgica M, Lucio J V D, et al. A framework for comparative landscape analysis and evaluation based on land cover data, with an application in the Madrid region (Spain) [J]. Landscape and Urban Planning, 2001, 55 (4): 257-270.

Hamber W. Landscape ecology as a bridge from ecosystems to human ecology [J]. Ecological Research, 2004(19): 99-106.

Hamerton P. Landscape [M]. Boston: Roberts Press, 1985.

Hobbs R J. Integrated landscape ecology: A Western Australian perspective [J]. Biological Conservation, 1993(3):231-238.

Howley P. Landscape aesthetics: Assessing the general publics' preference towards rural landscapes [J]. Ecological Economics, 2011,72(1): 161-169.

Iiyam A N, Kamada M, Nakagoshi N. Ecological and social evaluation of landscape in a rural area with terraced paddies in southwestern Japan [J]. Landscape and Urban Planning, 2005: 60-71.

Irish R R, Barker J L, Goward S N, et al. Characterization of the Landsat 7 ETM+ automated cloud-cover assessment (ACCA) algorithm [J]. Photogrammetric Engineering and Remote Sensing, 2006(10): 1179-1188.

Juan J O, Erling A, et al. Agro-environmental schemes and the European agricultural landscape: The role of indicators as valuing tools for evolution [J]. Landscape Ecology, 2000,15(6):271-280.

Laterra P, Orúe M E, Booman G C. Spatial complexity and ecosystem services in rural landscapes [J]. Agriculture, Ecosystems and Environment, 2012, 56 (4):116-117.

Louise W, Peter H V, Lars H, et al. Spatial characterization of landscape functions [J]. Landscape and Urban Planning, 2008, 75(2):160-171.

Main-Knorn M, Cohen W B, Kennedy R E, et al. Monitoring coniferous forest biomass change using a landsat trajectory-based approach [J]. Remote Sensing of Environment, 2013(9):277-290.

Masek J G, Huang C, Wolfe R, et al. North American forest disturbance mapped from a decadal landsat record [J]. Remote Sensing of Environment, 2008(6): 2914-2926.

Molles M C. Ecology: Concept and application [M]. Beijing: Science Press, 2000.

Phillips J D. Earth surface systems [M]. Oxford:Blackwell, 1999.

Roger S C. The landscape component approach to landscape evaluation [J]. Transactions of the Institute of British Geographers, 1975, 66(11): 124-129.

Sally S, Carolyn A. Soil conservation service landscape resource management [C].[S.l.]: The National Conference on Applied Techniques for Analysis and Management of the Visual Resource, 1979:671-673.

Sever A R, Mills P, Jones S E, et al. Methods of environmental impact assessment [M]. London: University Colledge London Press, 1995:78-95.

Sung D G, Lim S H, Ko J W, et al. Scenic evaluation of landscape for urban design purpose using GIS and ANN [J]. Landscape and Urban Planning, 2001, 56 (1/2):75-85.

Thomas M, Simpson I. Preface-landscape sensitivity: Principle and applications, northern cool temperate environments [J]. Catena, 2001(42):81-82.

Warren R B. The visual management system of forest service USDA [C]. [S.l.]: The National Conference on Applied Techniques for Analysis and Management of the Visual Resource, 1979:660-665.

William J C. The bureau of land management and cultural resource management in Oregon [D]. Portland : Portland State University, 1979.

Young R H, Chopping M. Quantifying landscape structure: A review of landscape indices and their applications to forested landscapes [J]. Progress in Physical Geography, 1996(4): 418-445.

Zube E H, Pih D G. Cross-cultural perception of scenic and heritage landscapes [J]. Landscape Planning, 1981,8(1):69-87.

图片来源

图 1-1 源自:国家统计局公开数据.

图 1-2 源自:江苏省和浙江省统计局公开数据.

图 1-3 源自:笔者拍摄.

图 1-4 源自:《苏州太湖国家旅游度假区规划修编环境影响评价报告书简本》(2013 年).

图 1-5 源自:宋家泰,庄林德.江南地区小城镇形成发展的历史地理基础[J].南京大学学报(哲学·人文·社会科学),1990(4):104-111.

图 1-6 源自:笔者拍摄.

图 1-7 源自:宋家泰,庄林德.江南地区小城镇形成发展的历史地理基础[J].南京大学学报(哲学·人文·社会科学),1990(4):104-111.

图 1-8 源自:刘沛林,刘春腊,邓运员,等.基于景观基因完整性理念的传统聚落保护与开发[J].经济地理,2009,29(10):1731-1736.

图 1-9 源自:宋家泰,庄林德.江南地区小城镇形成发展的历史地理基础[J].南京大学学报(哲学·人文·社会科学),1990(4):104-111.

图 1-10、图 1-11 源自:笔者绘制.

图 3-1、图 3-2 源自:笔者拍摄.

图 3-3 源自:李立.乡村聚落:形态、类型与演变——以江南地区为例[M].南京:东南大学出版社,2007.

图 3-4 至图 3-6 源自:笔者拍摄.

图 3-7 源自:王云才.江南六镇旅游发展模式的比较及持续利用对策[J].华中师范大学学报(自然科学版),2006,40(1):104-109.

图 3-8 源自:陈志文,李惠娟.中国江南农村居住空间结构模式分析[J].农业现代化研究,2007,28(1):15-19.

图 4-1 源自:笔者根据单之蔷.地理的乐趣:构建"区域"[J].中国国家地理,2016(3):10-15绘制(底图源自标准地图服务网站).

图 4-2 源自:笔者根据中国县域行政边界绘制(底图源自标准地图服务网站).

图 4-3 源自:笔者拍摄.

图 4-4 源自:金友理.太湖备考[M].薛正兴,校点.南京:江苏古籍出版社,1998:33.

图 4-5 源自:王书敏.史前太湖流域的原始宗教[J].中原文物,2006(3):44-51.

图 4-6 源自:段进.城市空间发展论[M].南京:江苏科学技术出版社,1999.

图 4-7 源自:宋家泰,庄林德.江南地区小城镇形成发展的历史地理基础[J].南京大学学报(哲学·人文·社会科学),1990(4):104-111.

图 5-1 源自:笔者绘制.

图 5-2 源自:笔者拍摄.

图 5-3 源自:百度地图.

图 5-4 至图 5-6 源自:笔者绘制.

图 5-7 源自:段进.城市空间发展论[M].南京:江苏科学技术出版社,1999.

图 5-8 源自:西山东村保护与整治规划文本(2003 年).

图 5-9 源自:笔者拍摄;段进,季松,王海宁.城镇空间解析:太湖流域古镇空间
　　结构与形态[M].北京:中国建筑工业出版社,2002:114-115.

图 5-10 至图 5-15 源自:笔者拍摄.

图 5-16 源自:陆鼎言,王旭强.湖州入湖溇港和塘浦(溇港)圩田系统的研究[G]//
　　湖州市水利学会.湖州入湖溇港和塘浦(溇港)圩田系统的研究研究成果
　　资料汇编.2005:40;浙江在线网站.

图 5-17 源自:笔者拍摄.

图 6-1 至图 6-3 源自:笔者绘制.

图 6-4、图 6-5 源自:太湖风景区规划文本.

图 6-6 至图 6-27 源自:笔者绘制.

图 7-1、图 7-2 源自:太湖风景区规划文本

图 7-3 至图 7-7 源自:笔者拍摄.

图 7-8 至图 7-11 源自:笔者绘制.

表格来源

表 1-1 源自：宋家泰，庄林德.江南地区小城镇形成发展的历史地理基础[J]. 南京大学学报（哲学·人文·社会科学），1990(4)：104-111.

表 1-2 源自：笔者根据住建部《中国历史文化名镇（村）评价指标体系（试行）》和《传统村落评价认定指标体系（试行）》整理绘制.

表 1-3 源自：笔者根据住建部"中国历史文化名镇（村）"和"中国传统村落名录的村落名单"整理绘制.

表 2-1 源自：张扬汉，曹浩良，郑禄红.乡村景观设计方案评价与优化研究[J]. 沈阳农业大学学报（社会科学版），2012,14(3)：360-364.

表 2-2 源自：笔者根据朱东国等（2015 年）、高奇等（2014 年）、陈英瑾（2012 年）、谢花林（2004 年）、刘滨谊等（2002 年）、谢花林等（2003 年）文献整理绘制.

表 2-3 源自：谢花林，刘黎明，徐为.乡村景观美感评价研究[J].经济地理,2003,23(3)：423-426.

表 2-4 源自：吴威，尚晓倩.GIS在不同尺度景观规划中的应用[J].中国农学通报,2012,28(22)：312-316.

表 4-1 源自：笔者根据太湖水文资料整理绘制.

表 4-2 源自：笔者根据气象资料整理绘制.

表 6-1 至表 6-3 源自：笔者绘制.

表 7-1 源自：笔者根据《太湖风景名胜区总体规划（2013—2030 年）》绘制.

表 7-2 源自：笔者根据《西山县志》绘制.

表 7-3 至表 7-36 源自：笔者绘制.